essentials

W0260097

essentials liefern aktuelles Wissen in konzentrierter Form. Die Essenz dessen, worauf es als „State-of-the-Art" in der gegenwärtigen Fachdiskussion oder in der Praxis ankommt. *essentials* informieren schnell, unkompliziert und verständlich

- als Einführung in ein aktuelles Thema aus Ihrem Fachgebiet
- als Einstieg in ein für Sie noch unbekanntes Themenfeld
- als Einblick, um zum Thema mitreden zu können

Die Bücher in elektronischer und gedruckter Form bringen das Expertenwissen von Springer-Fachautoren kompakt zur Darstellung. Sie sind besonders für die Nutzung als eBook auf Tablet-PCs, eBook-Readern und Smartphones geeignet. *essentials:* Wissensbausteine aus den Wirtschafts-, Sozial- und Geisteswissenschaften, aus Technik und Naturwissenschaften sowie aus Medizin, Psychologie und Gesundheitsberufen. Von renommierten Autoren aller Springer-Verlagsmarken.

Weitere Bände in der Reihe http://www.springer.com/series/13088

Andreas Öchsner

Leichtbaukonzepte

Eine Einführung anhand einfacher Strukturelemente für Studierende

Andreas Öchsner
Esslingen, Deutschland

ISSN 2197-6708   ISSN 2197-6716   (electronic)
essentials
ISBN 978-3-658-20603-1   ISBN 978-3-658-20604-8   (eBook)
https://doi.org/10.1007/978-3-658-20604-8

Die Deutsche Nationalbibliothek verzeichnet diese Publikation in der Deutschen Nationalbibliografie; detaillierte bibliografische Daten sind im Internet über http://dnb.d-nb.de abrufbar.

Springer Vieweg
© Springer Fachmedien Wiesbaden GmbH 2018
Das Werk einschließlich aller seiner Teile ist urheberrechtlich geschützt. Jede Verwertung, die nicht ausdrücklich vom Urheberrechtsgesetz zugelassen ist, bedarf der vorherigen Zustimmung des Verlags. Das gilt insbesondere für Vervielfältigungen, Bearbeitungen, Übersetzungen, Mikroverfilmungen und die Einspeicherung und Verarbeitung in elektronischen Systemen.
Die Wiedergabe von Gebrauchsnamen, Handelsnamen, Warenbezeichnungen usw. in diesem Werk berechtigt auch ohne besondere Kennzeichnung nicht zu der Annahme, dass solche Namen im Sinne der Warenzeichen- und Markenschutz-Gesetzgebung als frei zu betrachten wären und daher von jedermann benutzt werden dürften.
Der Verlag, die Autoren und die Herausgeber gehen davon aus, dass die Angaben und Informationen in diesem Werk zum Zeitpunkt der Veröffentlichung vollständig und korrekt sind. Weder der Verlag noch die Autoren oder die Herausgeber übernehmen, ausdrücklich oder implizit, Gewähr für den Inhalt des Werkes, etwaige Fehler oder Äußerungen. Der Verlag bleibt im Hinblick auf geografische Zuordnungen und Gebietsbezeichnungen in veröffentlichten Karten und Institutionsadressen neutral.

Gedruckt auf säurefreiem und chlorfrei gebleichtem Papier

Springer Vieweg ist Teil von Springer Nature
Die eingetragene Gesellschaft ist Springer Fachmedien Wiesbaden GmbH
Die Anschrift der Gesellschaft ist: Abraham-Lincoln-Str. 46, 65189 Wiesbaden, Germany

Was Sie in diesem *essential* finden können

- Eine Wiederholung eines Teilgebiets der Festigkeitslehre anhand eindimensionaler Strukturelemente (Stab und Balken)
- Eine Einführung in den Stoffleichtbau
- Eine Einführung in den Formleichtbau
- Einen Ausblick auf weitere Leichtbaukonzepte und Fragestellungen

Vorwort

Leichtbaukonzepte können als Anwendung klassischer Ingenieurkonzepte und Disziplinen zur Reduzierung des Strukturgewichts verstanden werden. Hierbei kommen insbesondere Grundkenntnisse aus der technischen Mechanik, der Werkstoffkunde, der Fertigungstechnologie als auch der Konstruktionslehre zum Einsatz. Neben klassischer Anwendungen in der Luft-und Raumfahrtindustrie oder im Automobilbau erstrecken sich die Anwendungen heutzutage auch auf recht unterschiedliche Anwendungsbereiche, wie zum Beispiel auf Sportgeräte oder medizinische Prothesen. Aufgrund des reduzierten Gewichts kann im Transportwesen eine Reduzierung des Treibstoffverbrauchs und somit auch eine Reduzierung von Schadstoffen erzielt werden. Damit ergeben sich ökonomische wie auch ökologische Vorteile.

In der Ingenieurpraxis werden jedoch in der Regel recht komplexe Systeme, auch unter der Verwendung kommerzieller Programmpakete, optimiert. Zur Einführung der unterschiedlichen Leichtbaukonzepte im Rahmen eines Hochschulingenieurstudiums kann jedoch auch auf einfache Strukturelemente, die im Rahmen der technischen Mechanik vorgestellt werden, zurückgegriffen werden. Die einfachsten Elemente sind hierbei Stäbe und Balken, die neben Federn den eindimensionalen Strukturelementen zugerechnet werden. Anhand dieser Elemente können recht anschaulich Fragestellungen zur Werkstoffauswahl und der geometrischen Gestaltung und Optimierung von lasttragenden Strukturen diskutiert werden. Somit bietet dieses *essential* eine kompakte und einfache „Anleitung" zur Anwendung der unterschiedlichen Leichtbaukonzepte.

Wird im Rahmen einer Leichtbauvorlesung auf die klassischen eindimensionalen Strukturelemente zurückgegriffen, werden die Grundlagen der technischen Mechanik weiter gefestigt und ein Beitrag zur vertikalen Integration des Ingenieurwissens geleistet.

Oktober 2017 Andreas Öchsner

Inhaltsverzeichnis

Angaben zum Autor

Professor Dr.-Ing. Andreas Öchsner, D.Sc.
Leichtbau/Struktursimulation
Hochschule Esslingen
University of Applied Sciences
Fakultät Maschinenbau
Kanalstr. 33
73728 Esslingen
Deutschland
E-Mail: andreas.oechsner@gmail.com
url: https://scholar.google.com/citations?user=-jQHnjUAAAAJhl=en

Einleitung und Motivation 1

Der Leichtbau spielt eine zentrale Rolle im Transportwesen (zum Beispiel in der Luft- und Raumfahrtindustrie oder im Automobilbau), da sich hier eine Gewichtsreduzierung direkt in einer Reduzierung der Treibstoffkosten niederschlägt. Als Überschlagsrechnung zum Einfluss des Gewichts auf den Treibstoffverbrauch von Flugzeugen kann bei einer Reduktion von 1 % des Gewichtes von einer Treibstoffersparnis – je nach Triebwerksart – von 0,75 bis 1 % ausgegangen werden (siehe Ohrn 2007). Nimmt man den gesamten Treibstoffverbrauch der Lufthansa-Flotte im Jahr 2015 von 8947,766 Tonnen als Beispiel (siehe Lufthansa Group 2016), ergibt sich je nach Kerosinpreis (siehe IATA 2017) ein Einsparpotenzial von mehreren Millionen Euro pro Jahr.

Abb. 1.1 zeigt das wesentlich einfachere Beispiel einer Stahlplatte. Bei der linken Konfiguration **a** handelt es sich um eine Platte aus Vollmaterial, die bei den angegebenen Abmessungen eine Masse von rund 7,7 kg aufweist. Wird bei gleichen Außenabmessungen die Platte als Hohlkugelstruktur (siehe Öchsner und Augustin 2009) ausgeführt, ergibt sich eine deutlich reduzierte Masse von rund 0,446 kg oder eine Reduktion um 94 %. Hieraus kann gefolgert werden, dass nicht nur der Werkstoff selbst, sondern auch weitere Faktoren, wie die Form oder die Mesostruktur, einen Einfluss auf das ‚Leichtbaupotenzial‘ einer Struktur haben können.

Die deutschsprachige Fachliteratur zum Thema ist recht umfangreich und deckt verschiedene Themengebiete ab. Eine zusammenfassende Darstellung einiger Lehrbücher ist in Tab. 1.1 geboten.

© Springer Fachmedien Wiesbaden GmbH 2018
A. Öchsner, *Leichtbaukonzepte*, essentials,
https://doi.org/10.1007/978-3-658-20604-8_1

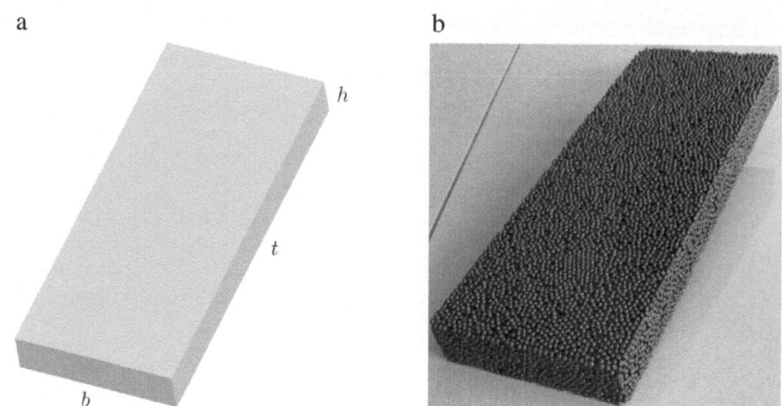

Abb. 1.1 a Stahlplatte mit Außenabmessungen $b = 11\,\text{cm}$, $t = 30\,\text{cm}$ und $h = 3\,\text{cm}$. Masse: $m \approx 7{,}7\,\text{kg}$; **b** Hohlkugelstruktur aus Stahl mit gleichen Abmessungen. Masse: $m \approx 0{,}446\,\text{kg}$

Des Weiteren gibt es auch spezialisierte Literatur, zum Beispiel mit einem Schwerpunkt auf die Automobilindustrie, siehe Siebenpfeiffer (2014), Friedrich (2017), Kurek (2010). Es sollte auch angemerkt werden, dass der Leichtbau verschiedene Fachrichtungen, zum Beispiel die Festigkeitslehre (siehe Linke und Nast 2015, Altenbach 2016), die Werkstoffkunde (siehe Weißbach 2012) und die Konstruktionslehre (siehe Pahl und Beitz 1997), beinhaltet. Somit kann Tab. 1.1 beliebig mit klassischer Literatur der Grundlagenfächer eines Ingenieurstudiums erweitert werden.

Tab. 1.1 Ausgewählte deutschsprachige Lehrbücher zum Thema Leichtbau. Die Jahreszahl bezieht sich auf die erste Auflage

Jahr	Autor / Editor	Titel	Referenz
1955	K. Bobek, A. Heiß, F. Schmidt	Stahlleichtbau von Maschinen	Bobek et al. (1955)
1960	H. Hertel	Leichtbau: Bauelemente, Bemessungen und Konstruktionen von Flugzeugen und anderen Leichtbauwerken	Hertel (1960)
1982	H.-J. Dreyer	Leichtbaustatik	Dreyer (1982)
1986	J. Wiedemann	Leichtbau Band 1: Elemente	Wiedemann (1986)
1989	J. Wiedemann	Leichtbau Band 2: Konstruktion	Wiedemann (1986)
1989	B. Klein	Leichtbau-Konstruktion: Berechnungsgrundlagen und Gestaltung	Klein (1989a)
1989	B. Klein	Übungen zur Leichtbau-Konstruktion	Klein (1989b)
1992	F. G. Rammerstorfer	Repetitorium Leichtbau	Rammerstorfer (1992)
1996	H. Kossira	Grundlagen des Leichtbaus: Einführung in die Theorie dünnwandiger stabförmiger Tragwerke	Kossira (1996)
2009	H. P. Degischer, S. Lüftl	Leichtbau: Prinzipien, Werkstoffauswahl und Fertigungsvarianten	Degischer und Lüftl (2009)
2011	F. Henning, E. Moeller	Handbuch Leichtbau: Methoden, Werkstoffe, Fertigung	Henning und Moeller (2011)
2014	B. Hill	Bionik–Leichtbau	Hill (2014)

Grundlagen der Festigkeitslehre   2

2.1 Zug- und Druckstab

Bei einem Zug- und Druckstab handelt es sich um einen prismatischen Körper, der nur entlang seiner Stabachse belastet und verformt (Verschiebung $u_x(x)$) werden kann, siehe Abb. 2.1. Als äußere Lasten werden Einzelkräfte F_0 und kontinuierlich verteilte Streckenlasten $p_x(x)$ betrachtet. Die Geometrie ist im einfachsten Fall durch die Länge L und durch die konstante Querschnittsfläche A beschrieben. Das Materialverhalten soll durch das eindimensionale Hooke'sche Gesetz mit dem konstanten Elastizitätsmodul E als Materialparameter beschrieben werden.

Schneidet man den Stab an einer beliebigen Stelle x frei, werden die inneren Reaktionen als Normalkräfte $N_x(x)$ sichtbar, siehe Abb. 2.2.

Die beschreibende Differenzialgleichung ergibt sich durch Kombination der kontinuumsmechanischen Grundgleichungen, das heißt Kinematik, Stoffgesetz und Gleichgewicht (siehe Öchsner 2014, 2016a), zu:

$$\frac{\mathrm{d}}{\mathrm{dx}}\left(E(x)A(x)\frac{\mathrm{d}u_x}{\mathrm{dx}} \right) + p_x(x) = 0, \tag{2.1}$$

wobei sich durch einmalige Integration, unter der Annahme einer konstanten Dehnsteifigkeit EA, die Normalkraftverteilung allgemein wie folgt ergibt:

$$N_x(x) = EA\frac{\mathrm{d}u_x(x)}{\mathrm{d}x} = -p_0 x + c_1. \tag{2.2}$$

Eine weitere Integration liefert die allgemeine Verteilung der Verschiebung zu

© Springer Fachmedien Wiesbaden GmbH 2018
A. Öchsner, *Leichtbaukonzepte*, essentials,
https://doi.org/10.1007/978-3-658-20604-8_2

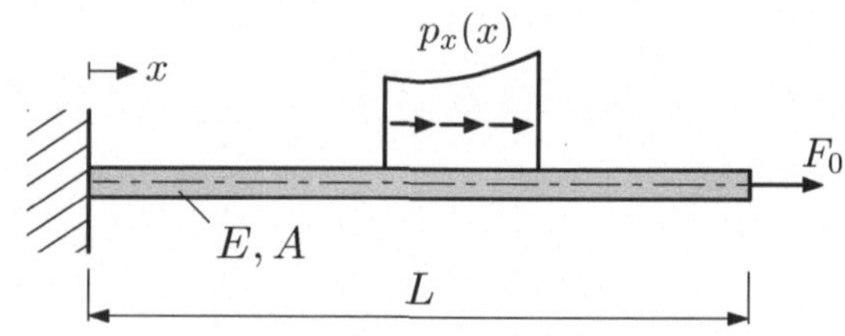

Abb. 2.1 Allgemeine Konfiguration eines Stabes: Beispiel von Randbedingungen und äußeren Lasten

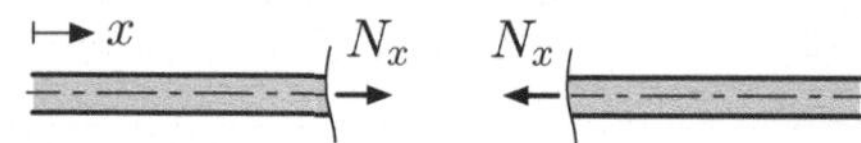

Abb. 2.2 Schnittreaktionen für Stab

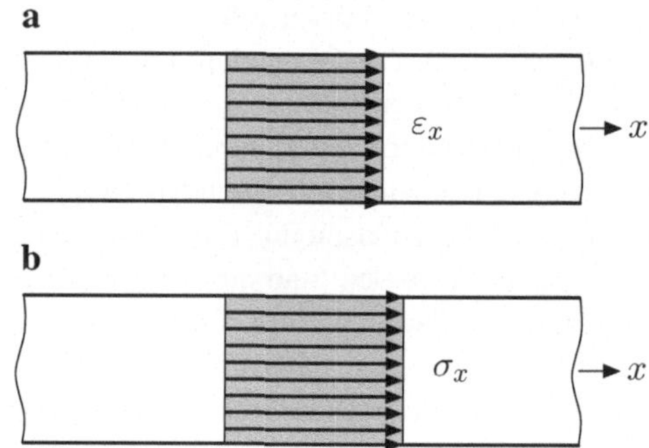

Abb. 2.3 **a** Dehnungs- und **b** Spannungsverteilung für Stab

$$u_x(x) = \frac{1}{EA}\left(-\frac{1}{2}p_0 x^2 + c_1 x + c_2\right), \tag{2.3}$$

wobei die Integrationskonstanten c_1 und c_2 unter Berücksichtigung der Randbedingungen angepasst werden müssen. Die Spannungsverteilung ergibt sich aus der Normalkraftverteilung nach Gl. (2.2) oder dem Hooke'schen Gesetz zu (siehe auch Abb. 2.3):

$$\sigma_x(x) = \frac{N_x(x)}{A} = \varepsilon_x(x)E = \frac{du_x(x)}{dx}E. \tag{2.4}$$

2.2 Biegebalken

2.2.1 Theorie nach Euler-Bernoulli

Bei einem Biegebalken handelt es sich um einen prismatischen Körper, der nur senkrecht zu seiner Längsachse belastet und verformt (Durchbiegung $u_z(x)$) werden kann, siehe Abb. 2.4. Als äußere Lasten werden einzelne Kräfte F_z und Momente M_y sowie kontinuierlich verteilte Kräfte $q_z(x)$ und Momente $m_y(x)$ betrachtet. Die Geometrie ist im einfachsten Fall durch die Länge L und durch das axiale Flächenmoment 2. Grades I beschrieben. Das Materialverhalten soll durch das eindimensionale Hooke'sche Gesetz mit dem konstantem Elastizitätsmodul E als Materialparameter beschrieben werden. Nach der Theorie nach Euler-Bernoulli wird angenommen, dass die Schubspannungen (oder die Querkräfte) keinen Einfluss auf die Verformung haben. Dies ist im Allgemeinen für schlanke und homogene Balken mit $L \gg h$ der Fall.

Schneidet man den Balken an einer beliebigen Stelle x frei, werden die inneren Reaktionen als Querkräfte $Q_z(x)$ und Biegemomente $M_y(x)$ sichtbar, siehe Abb. 2.5.

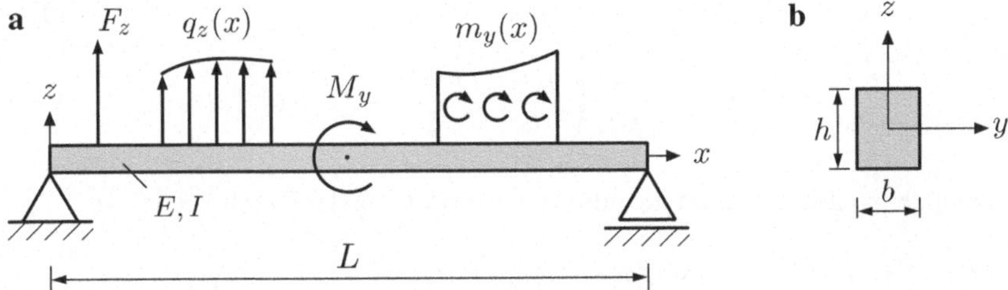

Abb. 2.4 Allgemeine Konfiguration eines Euler-Bernoulli-Balkens: **a** Beispiel von Randbedingungen und äußere Lasten; **b** Querschnittsfläche

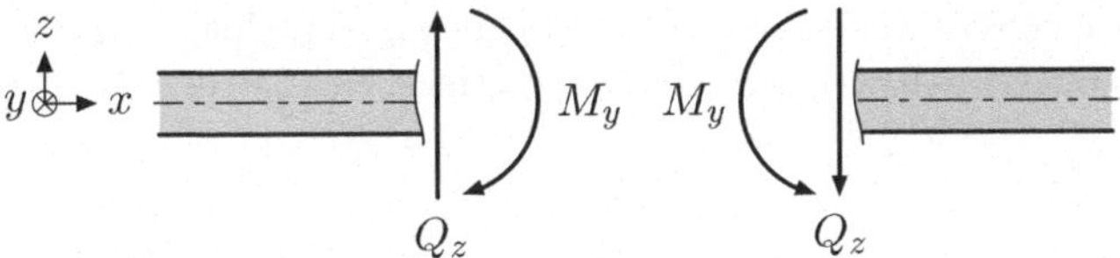

Abb. 2.5 Schnittreaktionen für Euler-Bernoulli-Balken

Die beschreibende Differenzialgleichung ergibt sich durch Kombination der kontinuumsmechanischen Grundgleichungen, das heißt Kinematik, Stoffgesetz und Gleichgewicht (siehe Altenbach 2016, Öchsner 2016a), in den verschiedenen Formulierungen zu:

$$\frac{\mathrm{d}^2}{\mathrm{dx}^2}\left(EI_y\frac{\mathrm{d}^2u_z(x)}{\mathrm{dx}^2}\right) = q_z(x),\tag{2.5}$$

$$\frac{\mathrm{d}}{\mathrm{dx}}\left(EI_y\frac{\mathrm{d}^2u_z(x)}{\mathrm{dx}^2}\right) = -Q_z(x),\tag{2.6}$$

$$EI_y\frac{\mathrm{d}^2u_z(x)}{\mathrm{dx}^2} = -M_y(x),\tag{2.7}$$

wobei sich durch sukzessive Integration, unter der Annahme einer konstanten Biegesteifigkeit EI und Streckenlast ($q_z = $ konst.), die Querkraft-, Biegemomenten- und Rotationsverteilung allgemein wie folgt ergibt:

$$Q_z(x) = -q_z x - c_1,\tag{2.8}$$

$$M_y(x) = -\frac{q_z x^2}{2} - c_1 x - c_2,\tag{2.9}$$

$$\varphi_y(x) = -\frac{1}{EI_y}\left(\frac{q_z x^3}{6} + \frac{c_1 x^2}{2} + c_2 x + c_3\right).\tag{2.10}$$

Die letzte Integration liefert die allgemeine Verteilung der Durchbiegung zu

$$u_z(x) = \frac{1}{EI_y}\left(\frac{q_z x^4}{24} + \frac{c_1 x^3}{6} + \frac{c_2 x^2}{2} + c_3 x + c_4\right),\tag{2.11}$$

wobei die Integrationskonstanten $c_1, \ldots, c_4$ unter Berücksichtigung der Randbedingungen angepasst werden müssen. Die Spannungsverteilungen ergeben sich aus der Biegemomenten- bzw. Querkraftverteilung nach Gl. (2.9) oder (2.8) (siehe auch Abb. 2.6):

$$\sigma_x(x, z) = \frac{M_y(x)}{I_y}\, z(x)\,, \quad \tau_{xz}(x, z) = \frac{Q_z(x)}{2I_y}\left[\left(\frac{h}{2}\right)^2 - z^2\right].\tag{2.12}$$

Abb. 2.6 Spannungskomponenten:
a Normalspannung;
b Schubspannung
(Rechteckquerschnitt)

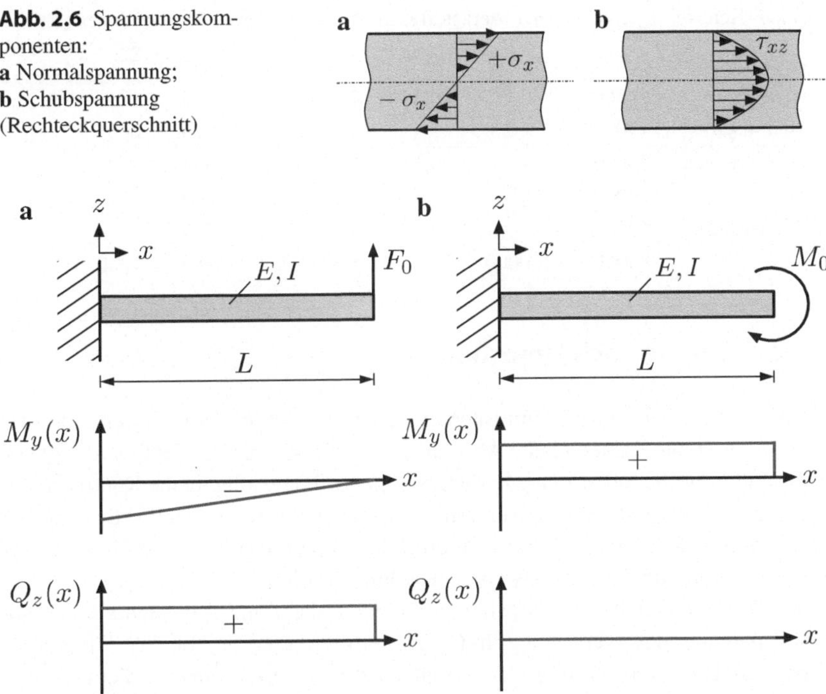

Abb. 2.7 Biegemoment- und Querkraftverlauf für Kragbalken: **a** Belastung mittels Einzelkraft F_0; **b** Belastung mittels Einzelmoment M_0

Exemplarisch sind in Abb. 2.7 die Schnittreaktionen, das heißt die Biegemomenten- und Querkraftverteilung, für einen Kragbalken dargestellt. Die Erstellung solcher Verteilungen ist essentiell für die weiteren Untersuchungen zum Leichtbaupotenzial von Strukturen.

Abschließend sind in Tab. 2.1 einige typische Kennwerte verschiedener Werkstoffe zusammengefasst.

Tab. 2.1 Kennwerte verschiedener Werkstoffe. (In Anlehnung an Ashby und Jones (2005))

	E, $\frac{\text{N}}{\text{mm}^2}$	ν, $-$	ϱ, $10^{-6}\,\frac{\text{kg}}{\text{mm}^3}$	$R_{p0,2}$, $\frac{\text{N}}{\text{mm}^2}$
Edelstahl	195000	0,30	7,8	393
(austenitisch)	190000 … 200000		7,5 … 8,1	286 … 500
Al-Legierungen	74000	0,33	2,75	364
	69000 … 79000		2,6 … 2,9	100 … 627
Ti-Legierungen	105000	0,35	4,7	750
	80000 … 130000		4,3 … 5,1	180 … 1320

2.2.2 Theorie nach Timoshenko

Bei der Balkentheorie nach Timoshenko handelt es sich um eine Erweiterung der Theorie für dünne Balken (siehe Abschn. 2.2.1), wobei jetzt der Einfluss des Querkraftschubs auf die Verformung berücksichtigt wird. Die allgemeine Konfiguration ist in Abb. 2.8 dargestellt. Neu ist hierbei, dass zwei weitere geometrische Faktoren (Querschnittsfläche A und Schubkorrekturfaktor k_s) und eine weitere Materialkonstante (Schubmodul $G = \frac{E}{2(1+\nu)}$) berücksichtigt werden.

Zur Vereinfachung wird jedoch angenommen, dass eine äquivalente *konstante* Schubspannung und -verzerrung im Querschnitt wirkt, siehe Abb. 2.9. Diese konstante Schubspannung ergibt sich dadurch, dass die Querkraft in einer äquivalenten Querschnittsfläche, der sogenannten Schubfläche A_s, wirkt:

$$\tau_{xz} = \frac{Q_z}{A_\text{s}} = \frac{Q_z}{k_\text{s} A}, \tag{2.13}$$

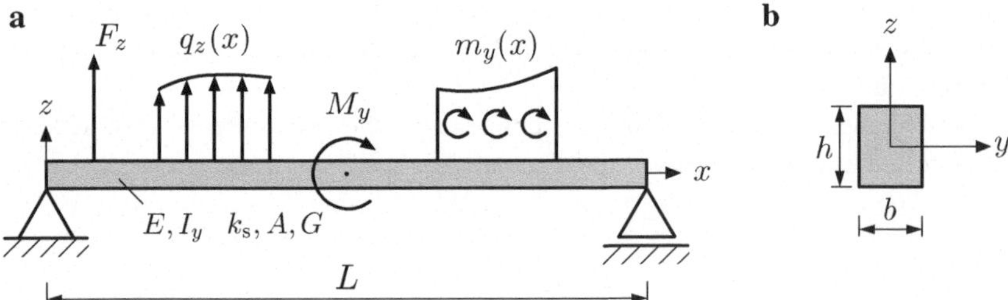

Abb. 2.8 Allgemeine Konfiguration eines Timoshenko-Balkens: **a** Beispiel von Randbedingungen und äußere Lasten; **b** Querschnittsfläche

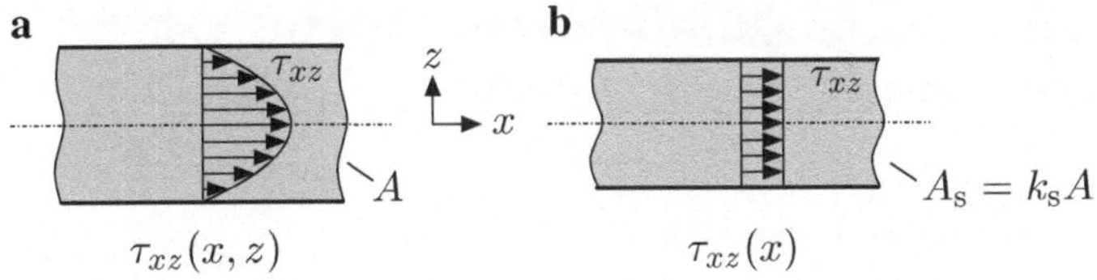

Abb. 2.9 Schubspannungsverteilung für Rechteckquerschnitt: **a** reale Verteilung (parabolisch); **b** Approximation nach Timoshenko (konstant)

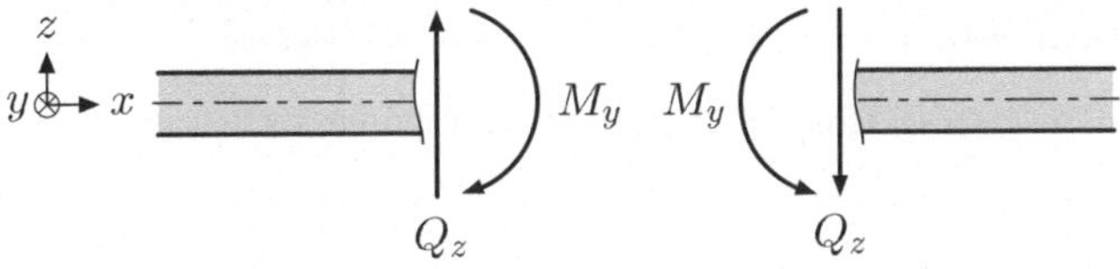

Abb. 2.10 Schnittreaktionen für Timoshenko-Balken

wobei das Verhältnis zwischen der Schubfläche A_s und der tatsächlichen Querschnittsfläche A als Schubkorrekturfaktor k_s ($\frac{5}{6}$ für Rechteckquerschnitt) bezeichnet wird (siehe Öchsner 2014).

Schneidet man den Balken an einer beliebigen Stelle x frei, werden die inneren Reaktionen als Querkräfte $Q_z(x)$ und Biegemomente $M_y(x)$ sichtbar, siehe Abb. 2.10.

Die beschreibenden Differenzialgleichungen (gekoppelt, zweiter Ordnung) ergeben sich durch Kombination der kontinuumsmechanischen Grundgleichungen, das heißt Kinematik, Stoffgesetz und Gleichgewicht (siehe Gross et al. 2014, Öchsner 2016a), in der speziellen Formulierung für $EI_y =$ konst., $k_sAG =$ konst. und $m_y = 0$ zu:

$$EI_y \frac{\mathrm{d}^2\phi_y}{\mathrm{d}x^2} - k_sGA\left(\frac{\mathrm{d}u_z}{\mathrm{d}x} + \phi_y\right) = 0 \tag{2.14}$$

$$-k_sGA\left(\frac{\mathrm{d}^2u_z}{\mathrm{d}x^2} + \frac{\mathrm{d}\phi_y}{\mathrm{d}x}\right) - q_z = 0, \tag{2.15}$$

oder zusammengefasst zu einer einzigen Gleichung:

$$EI_y \frac{\mathrm{d}^4u_z(x)}{\mathrm{d}x^4} = q_z(x) - \frac{EI_y}{k_sAG}\frac{\mathrm{d}^2q_z(x)}{\mathrm{d}x^2}. \tag{2.16}$$

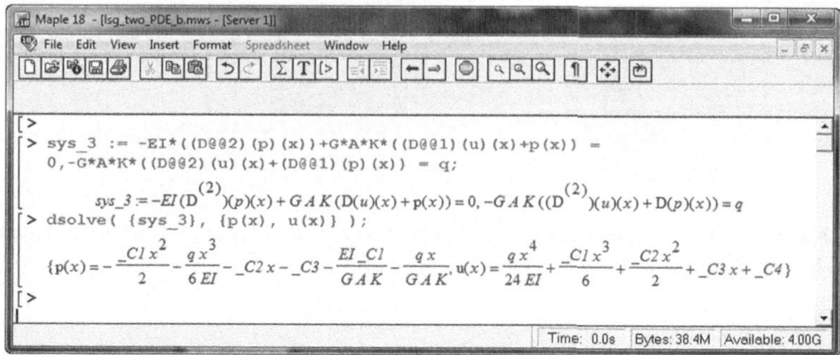

Abb. 2.11 Lösung der Differenzialgleichungen des Timoshenko-Balkens mittels Maple®

Durch Verwendung eines Computeralgebrasystems (zum Beispiel Maple® oder Matlab®, siehe Abb. 2.11) ergibt sich die allgemeine Lösung bei konstanter Streckenlast zu:

$$u_z(x) = \frac{1}{EI_y}\left(\frac{q_z x^4}{24} + c_1\frac{x^3}{6} + c_2\frac{x^2}{2} + c_3 x + c_4\right), \tag{2.17}$$

$$\phi_y(x) = -\frac{1}{EI_y}\left(\frac{q_z x^3}{6} + c_1\frac{x^2}{2} + c_2 x + c_3\right) - \frac{q_z x}{k_s AG} - \frac{c_1}{k_s AG}, \tag{2.18}$$

wobei die Integrationskonstanten $c_1, \ldots, c_4$ unter Berücksichtigung der Randbedingungen angepasst werden müssen.

Für das Beispiel eines Kragarms mit Endquerkraft F_0 ergibt sich die maximale Durchbiegung am Lastangriffspunkt zu:

$$u_z(x = L) = \frac{F_0 L^3}{3EI_y} + \frac{F_0 L}{k_s AG}. \tag{2.19}$$

Die Spannungsverteilungen ergeben sich aus der Biegemomenten- bzw. Querkraftverteilung nach $M_y(x) = +EI_y\frac{\mathrm{d}\phi_y(x)}{\mathrm{d}x}$ oder $Q_z(x) = +EI_y\frac{\mathrm{d}^2\phi_y(x)}{\mathrm{d}x^2}$ (siehe auch Abb. 2.12):

$$\sigma_x(x, z) = \frac{M_y(x)}{I_y} z(x)\,,\ \tau_{xz} = \frac{Q_z(x)}{A_s} = \frac{Q_z(x)}{k_s A}. \tag{2.20}$$

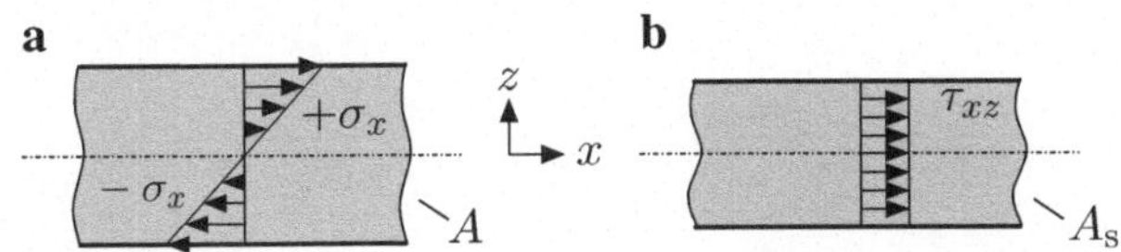

Abb. 2.12 Spannungskomponenten für Timoshenko-Balken: **a** Normalspannung und **b** Schubspannung

Abschließend wird hier noch angemerkt, dass die Berücksichtigung der Spannungsmehrachsigkeit (siehe Gl. (2.12) oder (2.20)) mittels einer sogenannten Vergleichsspannungshypothese erfolgen kann. Für duktile Werkstoffe kann die Hypothese von Mises (siehe Öchsner 2014) wie folgt angesetzt werden (siehe auch Abb. 2.13):

$$\underbrace{\sqrt{\sigma^2 + 3\tau^2}}_{\sigma_{\mathrm{eff}}} = k_{\mathrm{t}} \tag{2.21}$$

Abb. 2.13 σ-τ Spannungsebene mit Vergleichsspannungshypothese nach von Mises

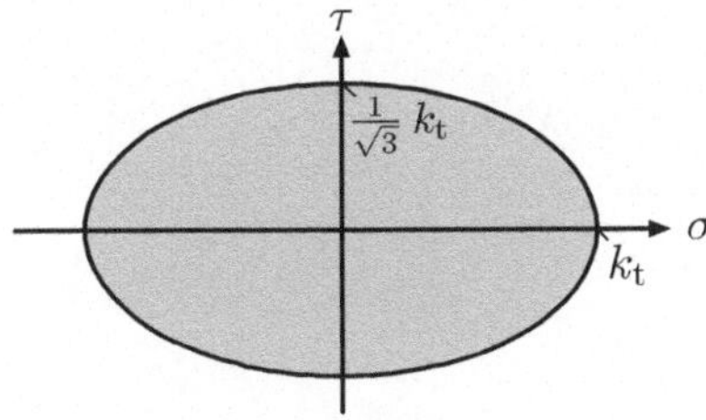

Leichtbaukonzepte 3

3.1 Problemstellung

Die verschiedenen Leichtbaukonzepte werden im Folgenden am Beispiel eines Kragarms mit Endquerkraft erläutert, siehe Abb. 3.1.

Als beschreibende Variablen kommen folgende Größen in Betracht (siehe Öchsner 2016b):

- Werkstoff mit Elastizitätsmodul $E_i = E_i(x)$ und Dichte $\varrho_i = \varrho_i(x)$,
- Querschnitt mit axialem Flächenmoment 2. Grades $I_y = I_y(x)$, entsprechend Breite b und Höhe h,
- Länge L,
- Randbedingungen und Belastungen.

Zur Charakterisierung der Güte einer Leichtbaukonstruktion soll im Folgenden die sogenannte Leichtbaukennzahl M nach Klein (2009) Verwendung finden:

$$M = \frac{F_0}{F_G}, \tag{3.1}$$

wobei folgende Anmerkungen zu machen sind:

- äußere Kraft F_0 (multipliziert mit Sicherheitsfaktor SF),
- Gewichtskraft $F_G = mg = V\varrho g$, für Masse $m = $ konst.,
- dimensionslose Kennzahl; je größer der Zahlenwert, umso effizienter ist die Leichtbaukonstruktion.
- Alternativer Ansatz nach Ashby (2011): Masse m und nicht F_G.

© Springer Fachmedien Wiesbaden GmbH 2018
A. Öchsner, *Leichtbaukonzepte*, essentials,
https://doi.org/10.1007/978-3-658-20604-8_3

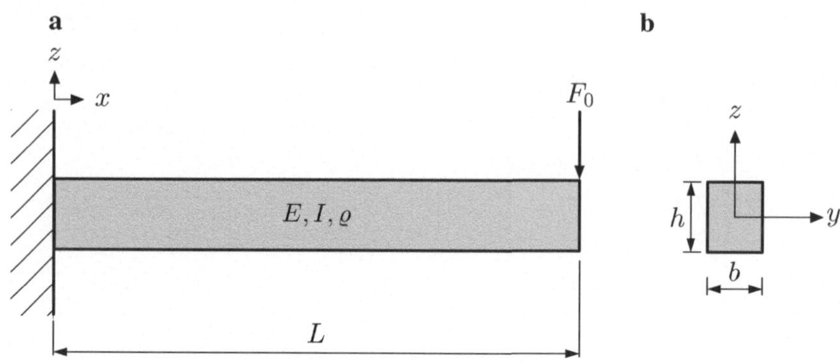

Abb. 3.1 Allgemeine Konfiguration eines Kragarms: **a** Randbedingungen und äußere Last ($F_0 < 0$); **b** Querschnittsfläche

Das Konzept der Leichtbaukennzahl und der zugehörigen Abschätzung des Leichtbaupotenzials kann auch auf andere Problemfelder angewandt werden. Für Stabilitätsprobleme, das heißt für das Knicken schlanker Stäbe oder das Beulen dünnwandiger Rohre oder Platten, kann die äußere Kraft F_0 in Gl. (3.1) durch die sogenannte kritische Kraft (Knickkraft) F_{kr} ersetzt werden: $M = \frac{F_{\mathrm{kr}}}{F_{\mathrm{G}}}$.

3.2 Stoffleichtbau

Beim Stoffleichtbau wird das Leichtbaupotenzial hauptsächlich durch die Werkstoffauswahl bestimmt. Für das Beispiel nach Abb. 3.1 ergibt sich das maximale Biegemoment und somit die maximale Biegespannung an der Einspannstelle, das heißt bei $x = 0$. Somit kann der Grenzwert der Tragfähigkeit dadurch definiert werden, dass die maximale Spannung einen Materialkennwert (hier die 0,2-%-Dehngrenze oder Elastizitätsgrenze $R_{p0,2}$, siehe Tab. 2.1) erreicht:

$$\sigma_{x,\max} = \frac{M_y(x=0)}{I_y} \times \frac{h}{2} = \frac{F_0 L}{I_y} \times \frac{h}{2} = \frac{6F_0 L}{bh^2} \overset{!}{=} R_{p0,2}. \tag{3.2}$$

Somit kann in der Definition der Leichtbaukennzahl nach Gl. (3.1) die äußere Kraft F_0 durch Material- und Geometrieparameter ersetzt werden:

$$M = \frac{F_0}{F_{\mathrm{G}}} = \frac{R_{p0,2}}{6\varrho g \frac{L^2}{h}} \sim \frac{R_{p0,2}}{\varrho}. \tag{3.3}$$

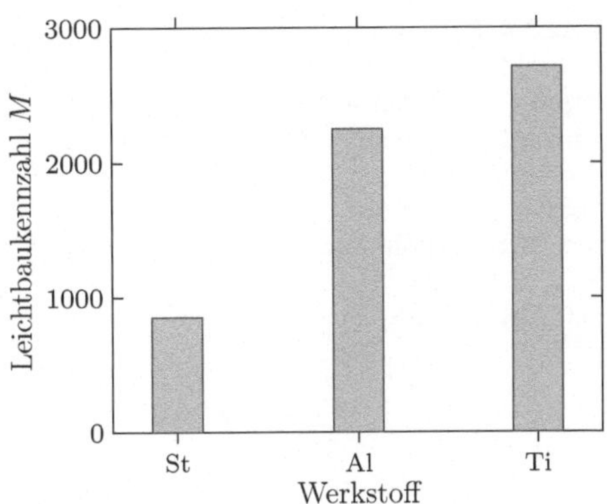

Abb. 3.2 Leichtbaukennzahl für Kragarm aus verschiedenen Werkstoffen bei konstanter Geometrie ($L = 100$ mm, $b = h = 10$ mm) und Spannungskriterium

Alternativ ergibt sich nach Ashby (2011) durch Elimination von h in Gl. (3.3) die folgende Beziehung: $M \sim \dfrac{(R_{p0,2})^{2/3}}{\varrho}$. Basierend auf der Definition nach Gl. (3.3) und den Kennwerten nach Tab. 2.1 ist das Leichtbaupotenzial von Edelstahl (St), Al- und Ti-Legierungen in Abb. 3.2 vergleichend dargestellt. Man erkennt, dass das größte Leichtbaupotenzial nicht durch den leichtesten Werkstoff (Al), sondern durch die Ti-Legierung erzielt wird.

Die beim Spannungskriterium nach Gl. (3.3) erreichten maximalen Durchbiegungen und die entsprechenden äußeren Belastungen sind in Abb. 3.3 vergleichend dargestellt.

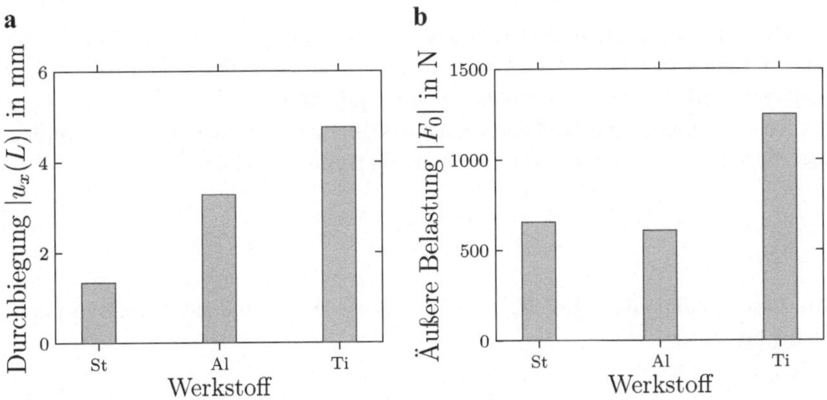

Abb. 3.3 a Maximale Durchbiegung und **b** äußere Belastung für Kragarm aus verschiedenen Werkstoffen bei konstanter Geometrie ($L = 100$ mm, $b = h = 10$ mm) und Spannungskriterium ($\sigma_{\max} = R_{p0,2}$)

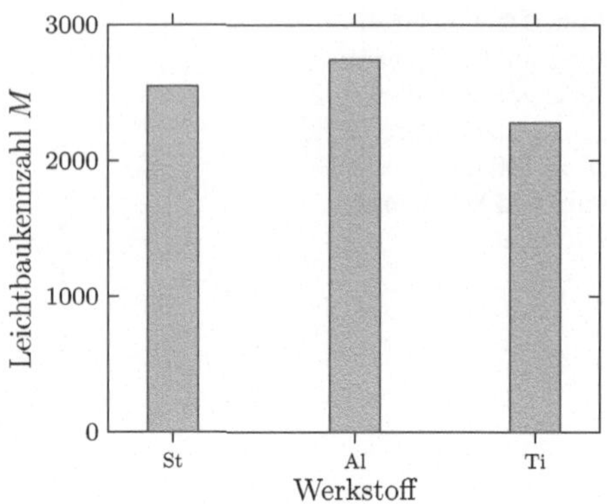

Abb. 3.4 Leichtbaukennzahl für Kragarm aus verschiedenen Werkstoffen bei konstanter Geometrie ($L = 100\,\text{mm}$, $b = h = 10\,\text{mm}$) und Verschiebungskriterium ($u_{\max} = -1\,\text{mm}$ und $\sigma_{\max} < R_{p0,2}$)

Als alternatives Grenzwertkriterium kann auch gefordert werden, dass die maximale Durchbiegung einen vordefinierten Wert nicht übersteigen soll:

$$u_z(x = L) = \frac{|F_0|L^3}{3EI_y} = \frac{4|F_0|L^3}{Ebh^3} \overset{!}{=} u_{\max}.$$ (3.4)

Somit kann auch hier in der Definition der Leichtbaukennzahl nach Gl. (3.1) die äußere Kraft F_0 durch Material- und Geometrieparameter beziehungsweise durch die maximale Durchbiegung ersetzt werden:

$$M = \frac{F_0}{F_G} = \frac{Eh^2|u_{\max}|}{\varrho g L^4} \quad \sim \frac{E}{\varrho}.$$ (3.5)

Basierend auf dieser Definition als Verschiebungskriterium ($u_{\max}$) sind die Leichtbaukennzahlen in Abb. 3.4 vergleichend dargestellt. Für diesen Fall hat nun der leichteste Werkstoff (Al) das größte Leichtbaupotenzial.

Als weitere Möglichkeit der Definition eines Grenzwertes kann gefordert werden, dass die äußere Belastung einen Maximalwert nicht überschreiten soll:

$$F_0 \overset{!}{=} F_{\max}.$$ (3.6)

Mit dieser Bedingung ergibt sich die Definition der Leichtbaukennzahl zu (siehe auch Abb. 3.5):

$$M = \frac{F_0}{F_G} = \frac{|F_{\max}|}{\varrho A L g} \quad \sim \frac{1}{\varrho}.$$ (3.7)

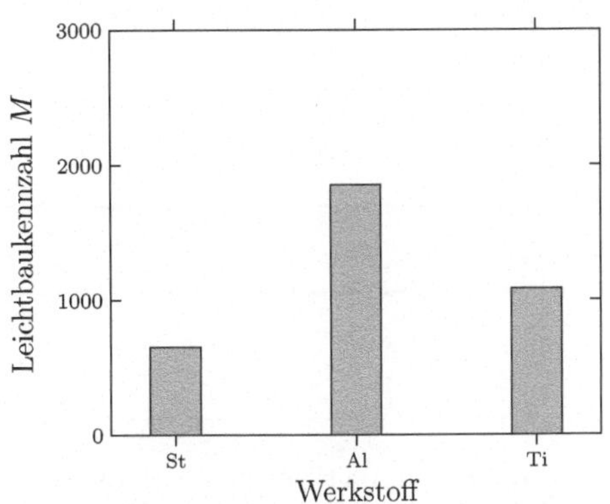

Abb. 3.5 Leichtbaukennzahl für Kragarm aus verschiedenen Werkstoffen bei konstanter Geometrie ($L = 100$ mm, $b = h = 10$ mm) und Belastungskriterium ($F_0 = -500\,\mathrm{N} \wedge \sigma_{\mathrm{max}} < R_{p0,2}$)

Bei dieser Annahme ergibt sich, dass der leichteste Werkstoff ($\rightarrow$ Dichte) das maximale Leichtbaupotenzial aufweist.

Die unterschiedlichen Formulierungen der Leichtbaukennzahlen M auf Grund der verschiedenen Grenzwertbedingungen, das heißt

$$M(\sigma_{\mathrm{max}}) \sim \frac{R_{p0,2}}{\varrho}, \quad M(u_{\mathrm{max}}) \sim \frac{E}{\varrho}, \quad M(F_{\mathrm{max}}) \sim \frac{1}{\varrho}, \tag{3.8}$$

sind vergleichend in Abb. 3.6 dargestellt.

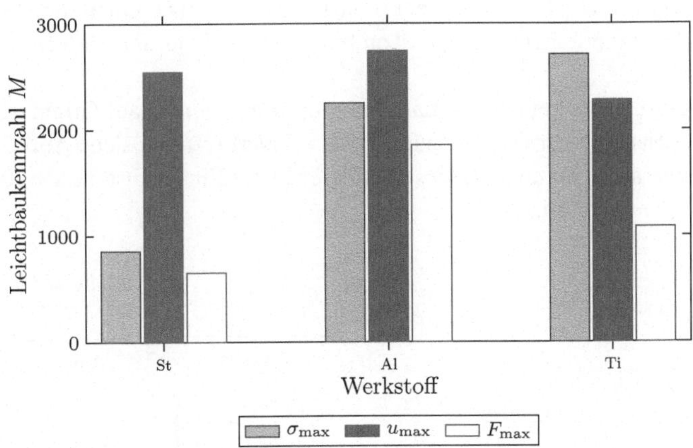

Abb. 3.6 Vergleich der Leichtbaukennzahlen für verschiedene Grenzwertbedingungen ($L = 100\,\mathrm{mm}$, $b = h = 10\,\mathrm{mm}$)

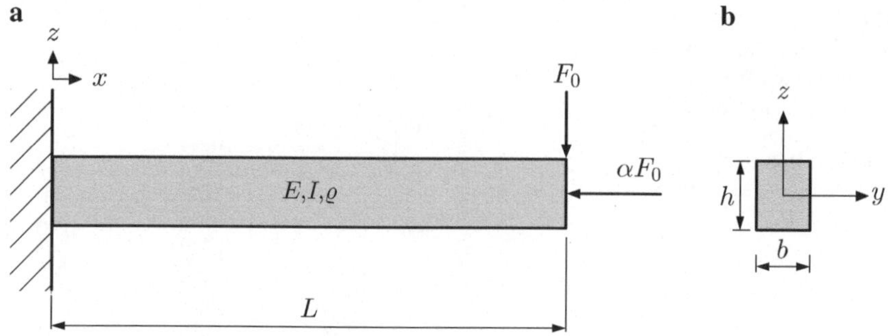

Abb. 3.7 Kragarm mit kombinierter Belastung aus Quer- und Axialkraft: **a** Randbedingungen und äußere Lasten; **b** Querschnittsfläche

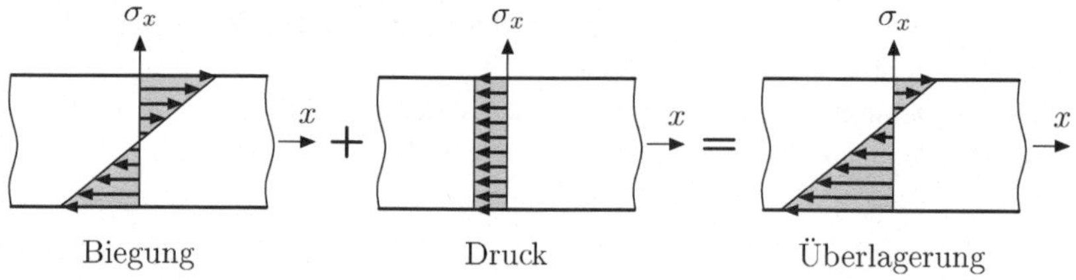

Abb. 3.8 Überlagerung der Normalspannungskomponenten zur Gesamtspannung

Das folgende Beispiel in Abb. 3.7 zeigt, wie eine kombinierte äußere Belastung berücksichtigt werden kann. Bei einer Belastung mittels einer Quer- und Axialkraft, muss das Strukturelement als eine Kombination aus Stab und Balken aufgefasst werden.

Somit müssen die beiden Normalspannungskomponenten auf Grund der Biege- und Druckbelastung zur Gesamtspannung überlagert werden, siehe Abb. 3.8.

Die maximale Spannung ergibt sich hierbei an der Einspannstelle $x = 0$, auf der Unterseite $(z = -\frac{h}{2})$ zu:

$$\sigma_{x,\mathrm{max}} = \sigma_x\left(x = 0, z = -\tfrac{h}{2}\right) = \underbrace{\frac{M_y(x=0)}{I_y} \times \left(-\tfrac{h}{2}\right)}_{\text{Biegung}} + \underbrace{\frac{N_x(x = 0)}{A}}_{\text{Druck}}$$

$$= -\frac{F_0 L}{I_y} \times \frac{h}{2} - \frac{\alpha F_0}{A} = -F_0\left(\frac{Lh}{2I_y} + \frac{\alpha}{A}\right). \tag{3.9}$$

Abb. 3.9 Vektoraddition der Kraftkomponenten zur Gesamtkraft

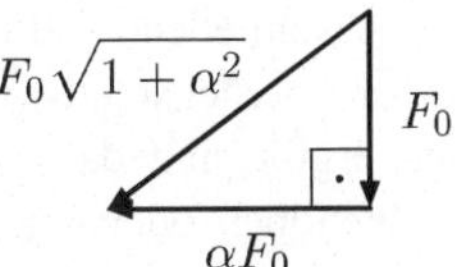

Zur Berechnung der Leichtbaukennzahl nach Gl. (3.1) muss die gesamte äußere Kraft zuerst durch Vektoraddition bestimmt werden, siehe Abb. 3.9.

Somit ergibt sich die Leichtbaukennzahl bei kombinierter Belastung zu (siehe auch Abb. 3.10):

$$M = \frac{\sqrt{1+\alpha^2}\,F_0}{F_G} = \frac{\sqrt{1+\alpha^2}\,R_{p0,2}}{\left(\frac{6L^2}{h}+|\alpha|L\right)\varrho g} \sim \frac{R_{p0,2}}{\varrho}, \tag{3.10}$$

wobei das Verhältnis α eine Unterscheidung zwischen Druck- ($\alpha > 0$) und Zugkraft ($\alpha < 0$) erlaubt. Jedoch ist Gl. (3.10) auf Grund des Betrages für beide Fälle gültig. Weiterhin wurde hierbei angenommen, dass die Zug- und Druckfließgrenzen identisch sind.

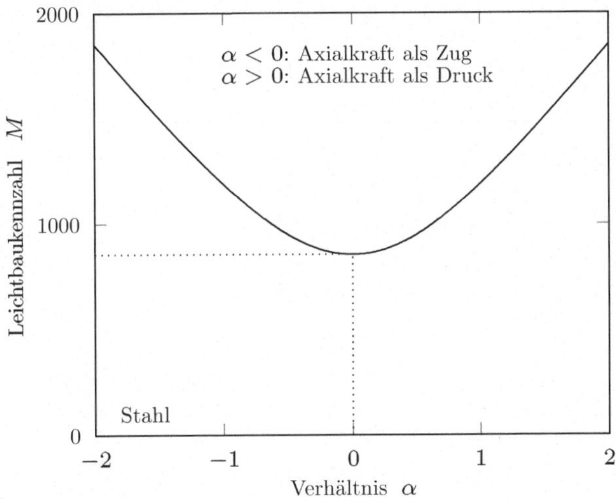

Abb. 3.10 Leichtbaukennzahl für Kragarm bei konstanter Geometrie ($L = 100$ mm, $b = h = 10$ mm) und Spannungskriterium für verschiedene Lastverhältnisse von Quer- zu Axialkraft. Die punktierte Linie bezieht sich auf den Referenzfall in Abb. 3.2

Abschließend soll hier noch der Querkraftschub nach der Timoshenko-Balkentheorie berücksichtigt werden. Nimmt man eine Spannungsverteilung nach Abb. 2.12 an, ergibt sich das Maximum der Vergleichsspannung nach Gl. (2.21) an der Balkenober- oder -unterseite zu:

$$\sqrt{\left(\tfrac{6F_0L}{bh^2}\right)^2 + 3\left(\tfrac{6F_0}{5bh}\right)^2} = R_{p0,2} \quad \Rightarrow \quad F_0 = \frac{R_{p0,2}}{\sqrt{\left(\tfrac{6L}{bh^2}\right)^2 + 3\left(\tfrac{6}{5bh}\right)^2}}. \tag{3.11}$$

Somit ergibt sich die Leichtbaukennzahl unter Annahme eines Spannungskriteriums zu:

$$M = \frac{F_0}{F_G} = \frac{R_{p0,2}}{\sqrt{\tfrac{36L^2}{h^2} + \tfrac{108}{24}} \times \varrho g L} \quad \sim \frac{R_{p0,2}}{\varrho}. \tag{3.12}$$

Abb. 3.11 zeigt die Auswirkung auf die Leichtbaukennzahl für einen schlanken ($L \gg b, h$) und kompakten Balken ($L \sim b, h$) und Abb. 3.12 die entsprechenden Verhältnisse von Normal- und Schubspannung.

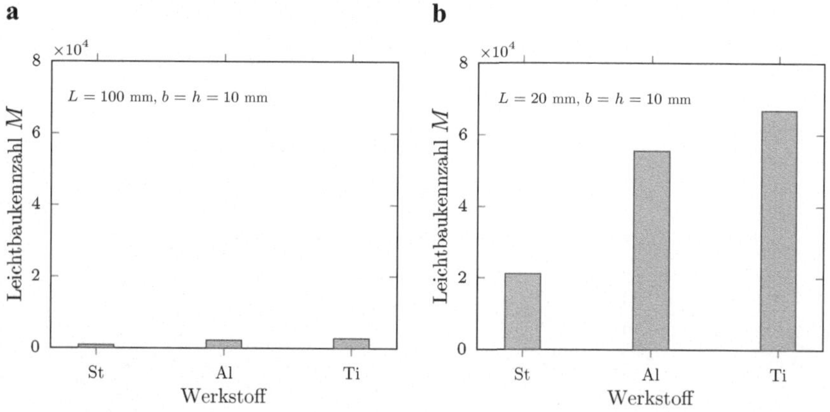

Abb. 3.11 Leichtbaukennzahl für Kragarm aus verschiedenen Werkstoffen nach der Timoshenko-Balkentheorie und Spannungskriterium ($\sigma_{\max} = R_{p0,2}$): **a** $L = 100\,$mm, $b = h = 10\,$mm und **b** $L = 20\,$mm, $b = h = 10\,$mm

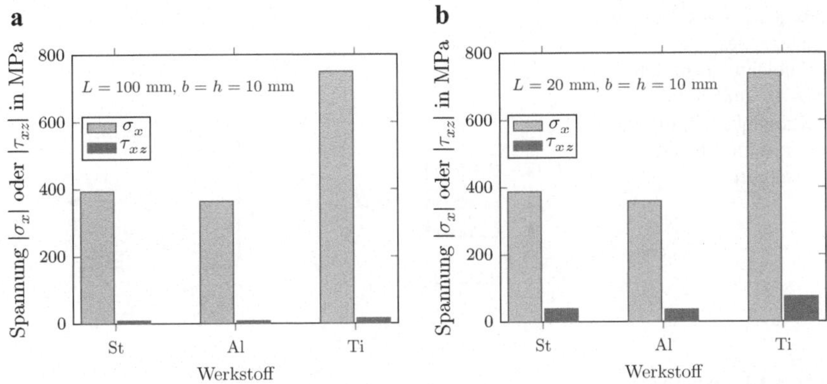

Abb. 3.12 Spannungskomponenten für Kragarm aus verschiedenen Werkstoffen nach der Timoshenko-Balkentheorie und Spannungskriterium ($\sigma_{\max} = R_{p0,2}$): **a** $L = 100\,\mathrm{mm}$, $b = h = 10\,\mathrm{mm}$ und **b** $L = 20\,\mathrm{mm}$, $b = h = 10\,\mathrm{mm}$

3.3 Formleichtbau

Beim Formleichtbau im Kontext des Kragarms geht es um die Anpassung oder Optimierung des Querschnitts zur Erhöhung des Leichtbaupotenzials. Somit handelt es sich um eine rein geometrische Fragestellung. Im Folgenden soll nur das Beispiel nach Abb. 3.1 unter Berücksichtigung des Spannungskriteriums behandelt werden. Allgemein ergibt sich die maximale Spannung beim Kragarm zu:

$$\sigma_{x,\max} = \frac{M_y(x=0)}{I_y} \times z_{\max}, \tag{3.13}$$

wobei die Querschnittsgrößen I_y und $z_{\max}$ den maximalen Spannungswert beeinflussen. Im Folgenden wird nun das axiale Flächenmoment 2. Grades unter Beibehaltung des Balkengewichts (also mit $A^{\square} = A^{\mathrm{I}}$) modifiziert und optimiert, siehe Abb. 3.13. Der ursprünglich quadratische Querschnitt ($h \times h$) soll durch ein I-Profil mit gleicher Querschnittsfläche ersetzt werden.

Die axialen Flächenmomente 2. Grades (mit $A^{\square} = A^{\mathrm{I}}$) können nach Altenbach (2016) wie folgt berechnet werden:

$$I_y^{\square} = \tfrac{1}{12} h h^3, \tag{3.14}$$

$$I_y^{\mathrm{I}} = \frac{w}{12}(a - 2w)^3 + 2\left(\frac{aw^3}{12} + aw\left(\frac{a}{2} - \frac{w}{2}\right)\right). \tag{3.15}$$

Abb. 3.13 Umsetzung des Konzepts des Formleichtbaus mittels $I_y^{\mathrm{I}} > I_y^{\square}$ und $A^{\square} = A^{\mathrm{I}}$: **a** Orginalquerschnitt mit $b = h$; **b** modifizierter Querschnitt

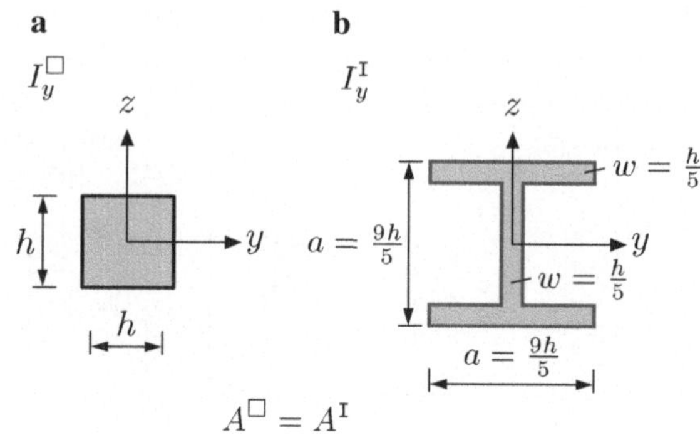

Abb. 3.14 Leichtbaukennzahl für Kragarm aus verschiedenen Werkstoffen bei unterschiedlichen Flächenmomenten 2. Grades ($L = 100$ mm, $h = 10$ mm) und Spannungskriterium. Gleiche Querschnittsfläche ($A^{\square} = A^{\mathrm{I}}$) und somit gleiche Masse ($m^{\square} = m^{\mathrm{I}}$) angenommen

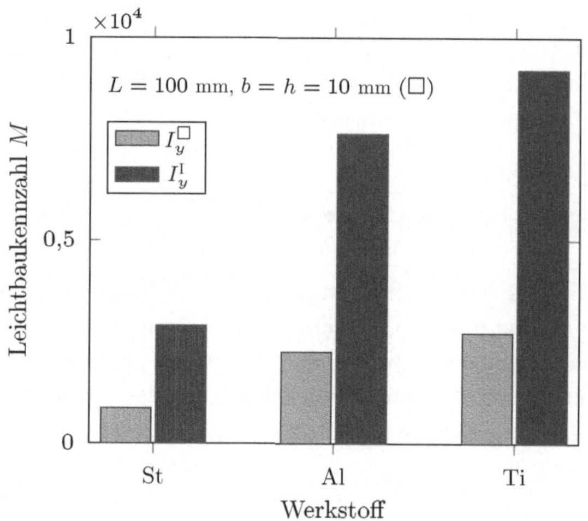

Diese beiden Gleichungen können mittels $w = \frac{h}{5}$ und $a = \frac{9h}{5}$ weiter zusammengefasst werden:

$$I_y^{\square} = C^{\square}h^4 \ \text{ mit } \ C^{\square} = \tfrac{1}{12}, \tag{3.16}$$

$$I_y^{\mathrm{I}} = C^{\mathrm{I}}h^4 \ \text{ mit } \ C^{\mathrm{I}} = \tfrac{4015}{7500}. \tag{3.17}$$

Somit ergeben sich die Leichtbaukennzahlen mittels $z_{\mathrm{max}}^{\square} = \frac{h}{2}$ und $z_{\mathrm{max}}^{\mathrm{I}} = \frac{a}{2} = \frac{9h}{10}$ zu (siehe auch Abb. 3.14):

$$M^\square = 2 \times \frac{R_{p0,2}}{\varrho g \frac{L^2}{h}} \times C^\square, \quad M^{\mathrm{I}} = \frac{10}{9} \times \frac{R_{p0,2}}{\varrho g \frac{L^2}{h}} \times C^{\mathrm{I}}. \tag{3.18}$$

Alternativ kann auch $I_y^\square \overset{!}{=} I_y^{\mathrm{I}}$ gefordert werden. Mit $w = \frac{h}{5}$ ergibt sich $a = 1.055h$ (vgl. Abb. 3.13) und schließlich folgendes Massenverhältnis: $m^{\mathrm{I}} = 0.55m^\square$.

Der Vergleich zwischen den beiden Profilquerschnitten in Abb. 3.14 basierte auf der Annahme, dass das I-Profil die gleiche Höhe wie Breite mit $a = \frac{9h}{5}$ aufweist (vgl. Abb. 3.15b) und weiterhin die Dicken der Gurte und des Stegs identisch sind ($w = \frac{h}{5}$). Eine weitere Verbesserung der Leichtbaukennzahl kann dadurch erzielt werden, dass das Breiten- zu Höhenverhältnis als Designvariable aufgefasst werden kann (vgl. Abb. 3.15c). Weiterhin soll jedoch angenommen bleiben, dass die Querschnittsflächen ($A^\square = A^{\mathrm{I}}$) und die Gurt- und Stegdicken ($w = \frac{h}{5}$) identisch bleiben. Abb. 3.15 beinhaltet auch zwei Grenzfälle, bei denen entweder die Steghöhe zu Null wird (vgl. Abb. 3.15a) oder die Gurtbreite mit der Stegdicke gleichgesetzt wird (vgl. Abb. 3.15d).

Für gleiche Querschnittsflächen zwischen einem quadratischen Querschnitt ($h \times h$) und dem I-Profil in Abb. 3.15c ergibt sich

$$A^\square = h^2 = 2bw + w(a - 2w) = A^{\mathrm{I}}, \tag{3.19}$$

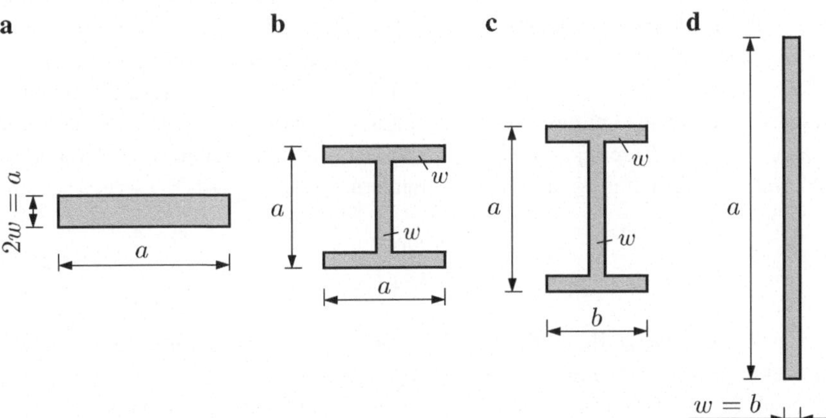

Abb. 3.15 Profile mit gleicher Querschnittsfläche: **a** Degeneriertes Profil (Steghöhe $\to$ 0), **b** I-Profil mit gleicher Breite und Höhe, **c** I-Profil mit unterschiedlichem Breiten- zu Höhenverhältnis, **d** degeneriertes Profil (Gurtbreite $b \to w$)

oder mittels $w = \frac{h}{5}$ umgestellt:

$$b = \frac{27}{10}h - \frac{a}{2}. \tag{3.20}$$

Für das I-Profil ergibt sich weiterhin das axiale Flächenmoment 2. Grades zu

$$I_y^{\mathrm{I}}(a, b) = \frac{w}{12}(a - 2w)^3 + 2\left(\frac{bw^3}{12} + bw\left(\frac{a}{2} - \frac{w}{2}\right)^2\right), \tag{3.21}$$

wobei mittels der degenerierten Profile in Abb. 3.15 folgende Bedingung für die Profilhöhe abgeleitet werden kann:

$$2w = \frac{2h}{5} \leq a \leq 5h, \tag{3.22}$$

beziehungsweise als Höhe-zu-Breite-Verhältnis $\frac{a}{b}$:

$$\frac{4}{25} = 0.16 \leq \frac{a}{b} \leq 25. \tag{3.23}$$

Das axiale Flächenmoment nach Gl. (3.21) ist in Abb. 3.16 dargestellt. Man erkennt, dass sich für kleine Verhältnisse $\frac{a}{b}$ große Veränderungen ergeben, die Funktionswerte jedoch für größere Verhältnisse gegen einen konstanten Wert konvergieren.

Zur Auswertung der Leichtbaukennzahl M ist zu beachten, dass die Bestimmungsgleichung sowohl das axiale Flächenmoment (vgl. Abb. 3.16) als auch den Abstand zur Randfaser $z_{\max} = \frac{a}{2}$ (vgl. Abb. 3.17) beinhaltet und beide Parameter sich mit dem Verhältnis $\frac{a}{b}$ nichtlinear verändern:

$$M = \frac{F_0}{F_{\mathrm{G}}} = \frac{R_{p0,2}}{h^2 L^2 \varrho g} \times \frac{I_y^{\mathrm{I}}}{\frac{a}{2}}. \tag{3.24}$$

Die graphische Darstellung dieser Leichtbaukennzahl ist in Abb. 3.18 zu finden. Man erkennt, dass sich ein Maximalwert bei $a \approx 5.7b$ ergibt.

Nach Gl. (3.13) ist auch ersichtlich, dass die Spannung proportional zum Biegemoment ist. Somit kann es sinnvoll sein, an der Stelle des größten Biegemomentes (siehe Abb. 3.19a) das Flächenmoment zu vergrößern und an der Stelle des minimalen Momentes eine Reduktion vorzunehmen (siehe Abb. 3.19b).

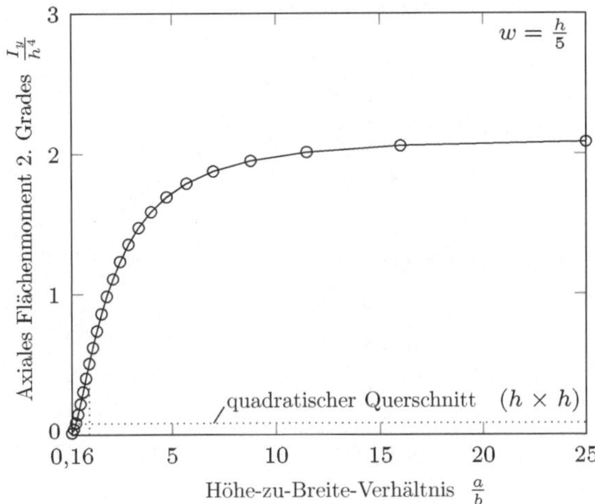

Abb. 3.16 Axiales Flächenmoment 2. Grades für verschiedene I-Profile (vgl. Abb. 3.15). Gleiche Querschnittsfläche $(A^\square = A^\text{I})$ und somit gleiche Masse $(m^\square = m^\text{I})$ angenommen

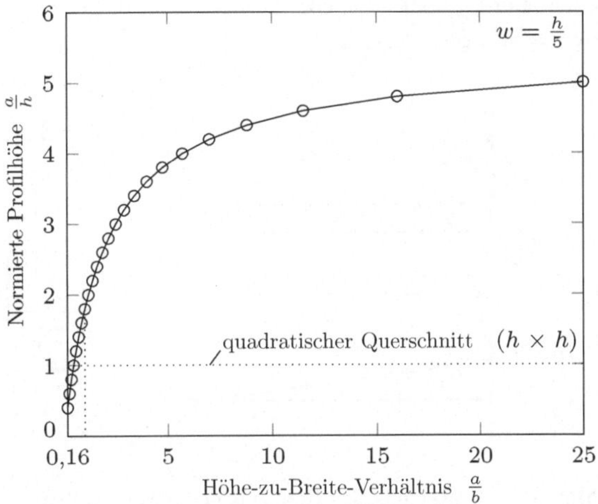

Abb. 3.17 Profilhöhe für verschiedene I-Profile (vgl. Abb. 3.15). Gleiche Querschnittsfläche $(A^\square = A^\text{I})$ und somit gleiche Masse $(m^\square = m^\text{I})$ angenommen

Nach Abb. 3.20 ergibt sich hierdurch eine erhebliche Vergrößerung der Leichtbaukennzahl. Hierbei muss jedoch beachtet werden, dass bei diesem Beispiel der Querschnitt bei $x = 0$ auf $\frac{7h}{5}$ vergrößert wurde und sich somit eine wesentlich größere Kraft F_0 ergibt. Daher ergeben sich auch größere Werte der Leichtbaukennzahl M.

In dem vorherigen Beispiel wurde der Balkenquerschnitt so verändert, dass an der Stelle des maximalen Biegemomentes $(x = 0)$ die Spannung gerade den Grenzwert

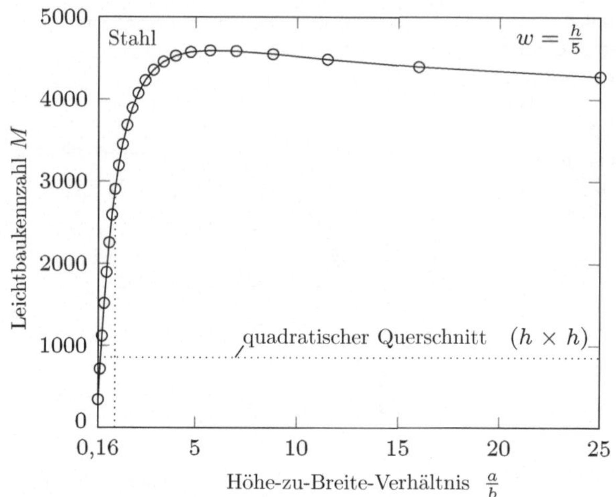

Abb. 3.18 Leichtbaukennzahl für verschiedene I-Profile (vgl. Abb. 3.15) und Spannungskriterium ($\sigma_{\max} = R_{p0,2}$). Gleiche Querschnittsfläche ($A^\square = A^\mathrm{I}$) und somit gleiche Masse ($m^\square = m^\mathrm{I}$) angenommen

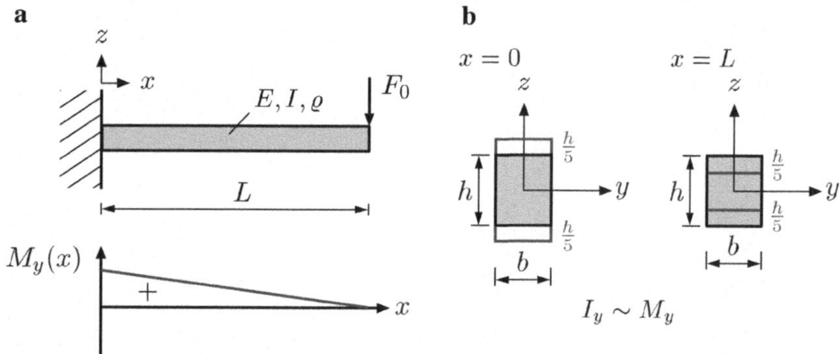

Abb. 3.19 Umsetzung des Konzepts des Formleichtbaus mittels $I_y \sim M_y$: **a** Balkenkonfiguration und Momentenverlauf; **b** Querschnittsanpassung

erreicht. Im Folgenden fordern wir jedoch, dass die Spannung an jeder Stelle x des Balkens gerade den Grenzwert erreicht. Somit muss der Balkenquerschnitt entlang der Balkenachse optimiert werden. Zum Vergleich ziehen wir das Beispiel mit konstantem Rechteckquerschnitt ($b = h = 10\,\mathrm{mm}$) nach Abb. 3.2 heran. Zur Vereinfachung wird weiterhin angenommen, dass die Balkenbreite (b) unverändert bleibt.

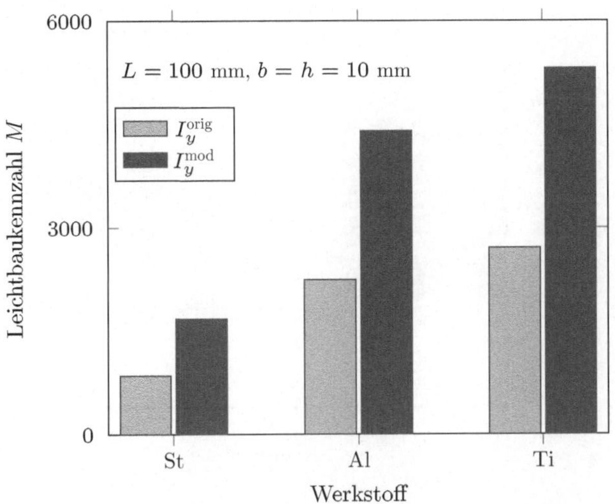

Abb. 3.20 Leichtbaukennzahl für Kragarm aus verschiedenen Werkstoffen bei $I_y = I_y(x)$ ($L = 100\,$mm, $h = 10\,$mm) und Spannungskriterium

Wird die Grenzwertbedingung wieder als maximale Spannung angenommen, das heißt

$$\sigma_{x,\max}(x) = \frac{M_y(x)}{I_y(x)} \times \frac{h(x)}{2} = \frac{F_0 L\left(1 - \frac{x}{L}\right)}{I_y(x)} \times \frac{h(x)}{2} = \frac{6 F_0 L\left(1 - \frac{x}{L}\right)}{b h(x)^2} \overset{!}{=} R_{p0,2}, \quad (3.25)$$

ergibt sich hieraus die veränderliche Balkenhöhe zu (siehe auch Abb. 3.21):

$$h(x) = \underbrace{\sqrt{\frac{6 F_0 L}{b R_{p0,2}}}}_{h_0} \times \sqrt{1 - \frac{x}{L}} = h_0 \times \sqrt{1 - \frac{x}{L}}. \quad (3.26)$$

Abb. 3.22 verdeutlicht, dass für den optimierten Balken an jeder Stelle x der Spannungsgrenzwert erreicht wird.

Das Volumen des optimierten Balkens ergibt sich für ein kleines Volumenelement zu $dV = bh(x)dx$, beziehungsweise für den gesamten Balken zu:

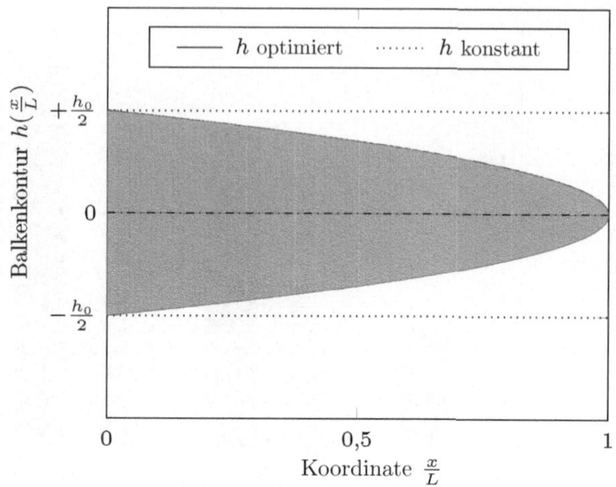

Abb. 3.21 Balkenkontur entlang der Balkenachse

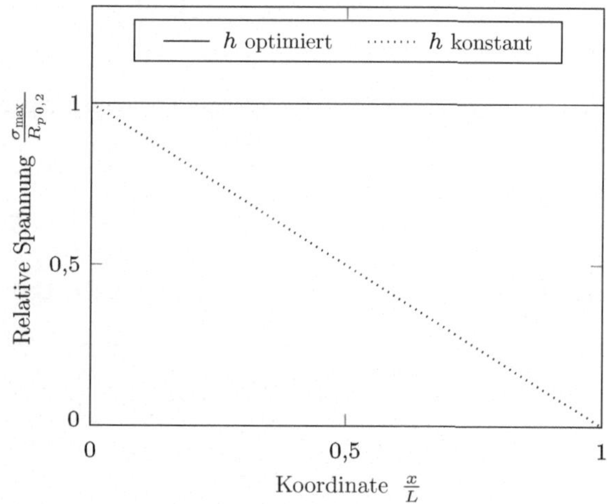

Abb. 3.22 Relative Spannung entlang der Balkenachse

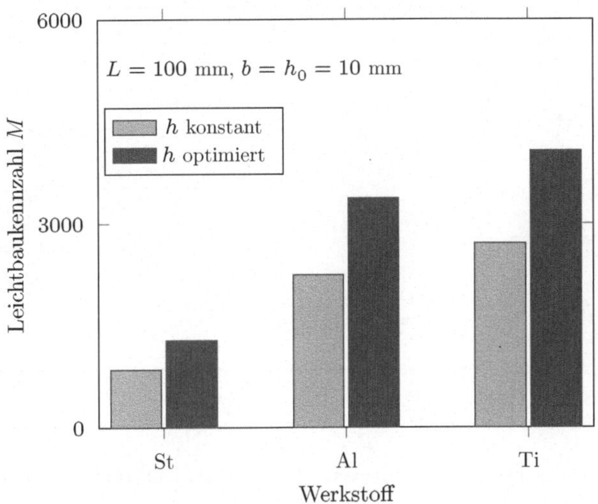

Abb. 3.23 Leichtbaukennzahl für Kragarm aus verschiedenen Werkstoffen bei $h = h(x)$ ($L = 100\,\text{mm}$, $h_0 = 10\,\text{mm}$) und Spannungskriterium

$$V = \int\limits_{x=0}^{L} bh_0\sqrt{1 - \frac{x}{L}}\,\mathrm{d}x = \frac{2}{3}bh_0 L. \qquad (3.27)$$

Somit kann nach Gl. (3.1) die Leichtbaukennzahl berechnet werden (siehe auch Abb. 3.23):

$$M = \frac{F_0}{F_G} = \frac{\frac{R_{p0,2}bh_0^2}{6L}}{\varrho g \frac{2}{3} bh_0 L} = \frac{R_{p0,2}}{4\varrho g \frac{L^2}{h_0}}. \qquad (3.28)$$

3.4 Stoff- und Formleichtbau: Sandwichelemente

Beim Stoff- und Formleichtbau wird versucht, durch eine geeignete Wahl und Kombination verschiedener Werkstoffe und deren Verteilung im Querschnitt, ein optimales Leichtbaupotenzial zu erzielen. Typische Vertreter hierzu kommen aus der Klasse der Verbundwerkstoffe in ihrer allgemeinsten Definition, wobei Sandwichelemente im Folgenden näher betrachtet werden sollen.

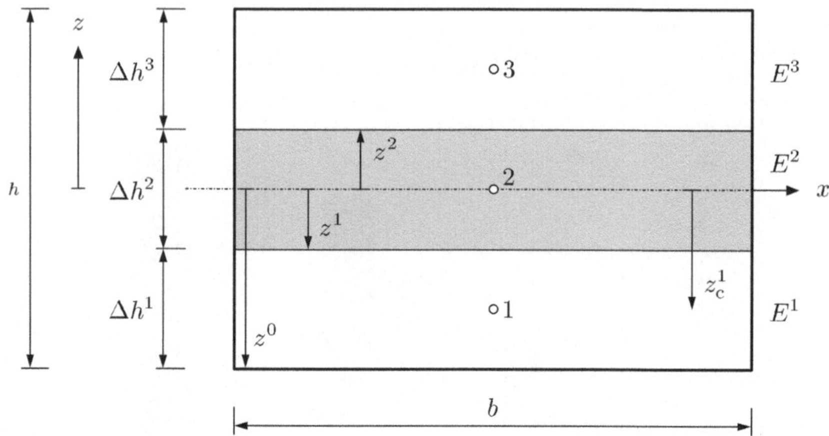

Abb. 3.24 Aufbau eines Sandwichelements: 1, 3: Deckschicht (Haut), 2: Kernschicht

Ein typisches Sandwichelement ist in Abb. 3.24 dargestellt. Hierbei werden zwei Deckschichten, die oft aus dem gleichen Material bestehen, durch einen Kern verbunden und somit auf einem definierten Abstand gehalten. Weiterhin wird hier angemerkt, dass den Deckschichten und dem Kern in der Regel unterschiedliche Aufgaben zukommen, siehe Hertel (1960). Die mittlere Biegesteifigkeit $\overline{EI}_y$ für einen solchen Verbund ergibt sich nach Klein (2009), Öchsner (2014) zu:

$$\overline{EI}_y = \sum_{k=1}^{3} E^k \left[\tfrac{1}{12} b \left(\Delta h^k \right)^3 + b \Delta h^k \left(z_{\mathrm{c}}^k \right)^2 \right]. \tag{3.29}$$

Die Spannungsverteilung im Sandwich kann durch folgenden modifizierten Ansatz beschrieben werden (siehe Klein 2009, Öchsner 2014):

$$\sigma_k(z) = \frac{M_y E^k}{\overline{EI}_y} \times z. \tag{3.30}$$

Nach Abb. 3.25 ergeben sich hierbei Spannungssprünge beim Übergang von einem zum nächsten Material im Falle von unterschiedlichen Steifigkeiten (E_k). Im Gegensatz dazu wird die Dehnung jedoch ohne Sprünge angenommen, das heißt ein linearer Verlauf durch den Ursprung des Koordinatensystems.

Im Folgenden werden verschiedene Sandwichstrukturen mit unterschiedlichen Material- und Geometriekombinationen im Bezug auf das Leichtbaupotenzial

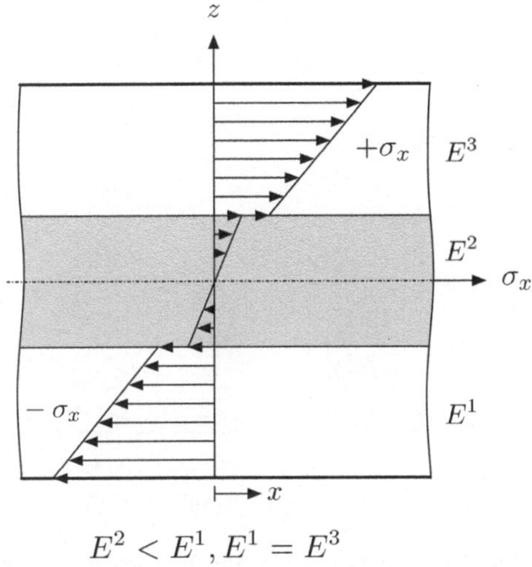

Abb. 3.25 Verlauf der Normalspannungskomponente σ_x

$$E^2 < E^1, E^1 = E^3$$

verglichen. Die Grundkonfiguration, das heißt Kragarm mit Endquerkraft, ist wieder wie in Abb. 3.1. Als Referenz dient jetzt ein homogener Balken aus Aluminium (siehe Abb. 3.26, Konfiguration (1)). Durch Verwendung eines Schaumkerns und anschließender Verkleinerung der Deckschichtdicke (bei gleichen Außenabmessungen des Querschnitts) kann eine Steigerung des Leichtbaupotenzials erzielt werden (siehe Abb. 3.26, Konfigurationen (2) und (3)). Eine Konfiguration, bei der die Kernschicht vollständig vernachlässigt wurde, ist als Grenzfall angegeben (siehe Abb. 3.26, Konfiguration (4)). Angemerkt sei hier, dass die Berechnung der Leichtbaukennzahl mit einem Grenzwert als maximale äußere Belastung durchgeführt wurde.

Ein alternatives Designkonzept kann durch die Verwendung eines kohlenstofffaserverstärkten Kunststoffs (CFK) realisiert werden (Kennwerte für CFK nach Klein (2009): $\varrho = 1,50 \times 10^{-6} \frac{\text{kg}}{\text{mm}^3}$, $E = 120000$ MPa, $R^z = 1700$ MPa; unidirektionale Schicht (UD) mit Faservolumenanteil von $\phi_\text{F} = 0{,}55$). Für Fall (4) nach Abb. 3.26 ergibt sich jetzt $M_\text{CFK} = 4077$.

3.5   Weitere Leichtbaukonzepte

Im Folgenden soll noch kurz auf weitere Leichtbaukonzepte eingegangen werden, wobei eine ausführliche Darstellung und Behandlung hier nicht vorgesehen ist.

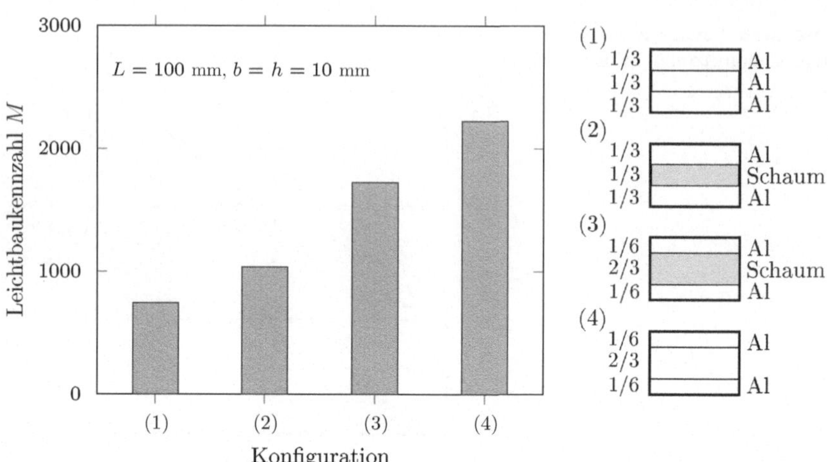

Abb. 3.26 Leichtbaukennzahl für verschiedene Konfigurationen von Sandwichelementen ($L = 100$ mm, $b = h = 10$ mm) und Belastungskriterium ($F_0 = -200\,\mathrm{N} \wedge \sigma_{\max} < R_{p0,2}$). Kennwerte des Al-Schaums nach Klein (2009): $\varrho = 0,4 \times 10^{-6}\ \frac{\mathrm{kg}}{\mathrm{mm}^3}$, $E = 2500$ MPa, $R^{\mathrm{z}}_{p0,2} = 4$ MPa, $R^{\mathrm{d}}_{p0,2} = 6$ MPa

- *Bedingungsleichtbau:* Berücksichtigung von äußeren Einflussfaktoren, Rahmen- und Randbedingungen (z. B. Herabsetzung der Lebensdauer), Gesetzgebung, Kosten, Umweltfaktoren, konstruktiven Maßnahmen (z. B. Verkürzung des Hebelarms), sicherheitsrelevanten Aspekten.

Abb. 3.27 erläutert am Beispiel des Kragarms zwei Möglichkeiten, um im Rahmen des Bedingungsleichtbaus das Leichtbaupotenzial zu vergrößern. In der Konfiguration Abb. 3.27b kommt es durch eine Reduzierung der Balkenlänge zu einer Gewichtsreduktion, wohingegen bei Konfiguration Abb. 3.27c der Querschnitt verkleinert wird und durch eine Stütze die Funktion erhalten bleibt.

Bei der konstruktiven Realisierung der Stütze nach Abb. 3.27c ist jedoch zu beachten, ob das Strukturelement auf Zug und/oder Druck belastet wird (siehe Abb. 3.28). Bei einer Druckbelastung muss auch eine mögliche Instabilität (Knicken) berücksichtigt werden.

Die Biegelinie des Problems nach Abb. 3.28 kann durch Anpassung der Gl. (2.8) bis (2.11) mittels der speziellen Randbedingung $Q_z(x = L) = -\frac{E_{\mathrm{s}} A_{\mathrm{s}} u_z(x)}{L_{\mathrm{s}}} - F_0$ zu

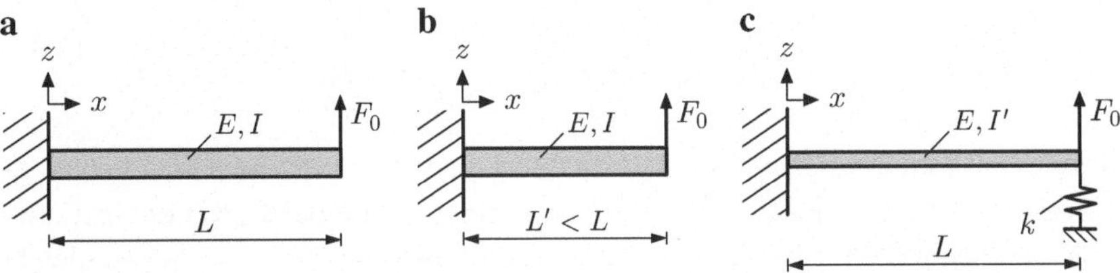

Abb. 3.27 Bedingungsleichtbau: **a** Originalkonfiguration; **b** Gewichtsreduktion mittels verkürztem Hebelarm; **(c)** Stütze

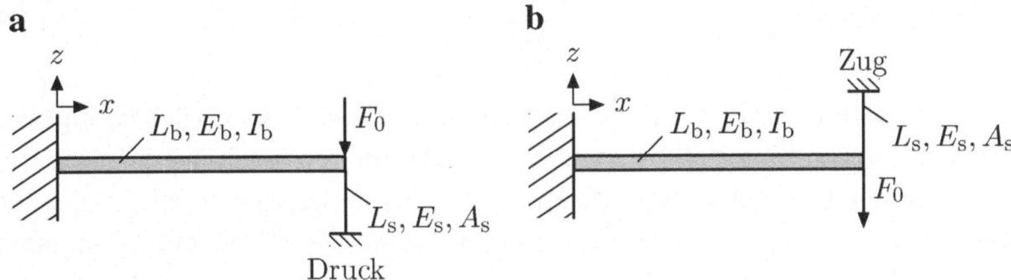

Abb. 3.28 Beispiel Bedingungsleichtbau: Balken mittels Stab unterstützt: **a** Druckstab; **b** Zugstab

$$u_z(x) = \frac{F_0 L_b^3}{3 E_b I_b} \times \frac{\frac{1}{2}\left[\frac{x}{L_b}\right]^3 - \frac{3}{2}\left[\frac{x}{L_b}\right]^2}{1 - \frac{E_s A_s}{L_s} \times \frac{L_b^3}{3 E_b I_b} \times \left(\frac{1}{2}\left[\frac{x}{L_b}\right]^3 - \frac{3}{2}\left[\frac{x}{L_b}\right]^2\right)} \tag{3.31}$$

bestimmt werden. Als maximale Durchbiegung ergibt sich hieraus für $x = L_b$:

$$u_z(x = L_b) = -\frac{F_0 L_b^3}{3 E_b I_b + \frac{E_s A_s}{L_s} \times L_b^3}. \tag{3.32}$$

Als Referenzkonfiguration („ref") kann ein Balken ohne Stütze herangezogen werden (siehe Abb. 3.27a). Für einen solchen Kragarm ergibt sich die Durchbiegung – unter Annahme eines Rechteckquerschnitts mit Seitenlänge a – am Lastangriffspunkt zu $u_z(L_b) = -\frac{F_0 L_b^3}{3 E_b I_b} = -\frac{4 F_0 L_b^3}{E_b a^4}$. Durch Verwendung der Stütze (s) am Balkenende kann der ursprüngliche Balkenquerschnitt auf αa mit $\alpha < 1$ verkleinert werden. Fordert man, dass beide Konfigurationen die gleiche Durchbiegung bei $x = L_b$ aufweisen sollen, ergibt sich folgende Bedingung:

$$-\frac{F_0 L_b^3}{3 E_b I_b + \frac{E_s A_s}{L_s} \times L_b^3} \stackrel{!}{=} -\frac{F_0 L_b^3}{3 E_b I_b}. \tag{3.33}$$

Nimmt man weiterhin einen Stab mit Rechteckquerschnitt mit Seitenlänge $b = \frac{a}{40}$ und einer Stablänge von $L_s = \frac{L_b}{3} = \frac{10a}{3}$ an, ergibt sich für gleiche Materialparameter $E_s = E_b$ ein Faktor für die Querschnittsverkleinerung von $\alpha = \frac{1}{\sqrt{2}}$. Vergleicht man die Massen beider Konfigurationen, ergibt sich bei gleichen Materialien:

$$\frac{m_{bs}}{m_{ref}} = \frac{(\alpha a)^2 L_b + \left(\frac{a}{40}\right)^2 \frac{L_b}{3}}{a^2 L_b} \approx 0{,}5. \tag{3.34}$$

Ein weiterer Faktor, der im Rahmen des Bedingungsleichtbaus berücksichtigt wird, bezieht sich auf die Materialkosten. Tab. 3.1 gibt einige Anhaltswerte für die hier betrachteten metallischen Werkstoffe an. In der letzten Spalte wurden die absoluten Kosten mit dem günstigsten Wert normiert und dieses Verhältnis mit c^* abgekürzt. Somit kann folgende Leichbaukennzahl eingeführt werden, die sowohl einen mechanischen Materialkennwert als auch die Materialkosten berücksichtigt:

$$M = \frac{F_0}{c^* F_G}. \tag{3.35}$$

Nimmt man das Beispiel nach Abb. 3.2 als Referenz an, ergibt sich durch Berücksichtigung der Materialkosten eine recht unterschiedliche Empfehlung, siehe Abb. 3.29. Die Ti-Legierung schneidet jetzt am schlechtesten ab und die Al-Legierung erzielt die höchste Leichtbaukennzahl.

- *Konzeptleichtbau:* Anwendung von Differenzial- und Integralbauweise (Funktionsdiversifikation oder Integration einer bestimmten Anzahl von Funktionen).

Tab. 3.1 Materialkosten verschiedener Werkstoffe. (In Anlehnung an Ashby und Jones (2005))

	in $ pro Tonne	c^*
Edelstahl (austenitisch)	600	1,5
Al-Legierungen	400	1,0
Ti-Legierungen	10000	25

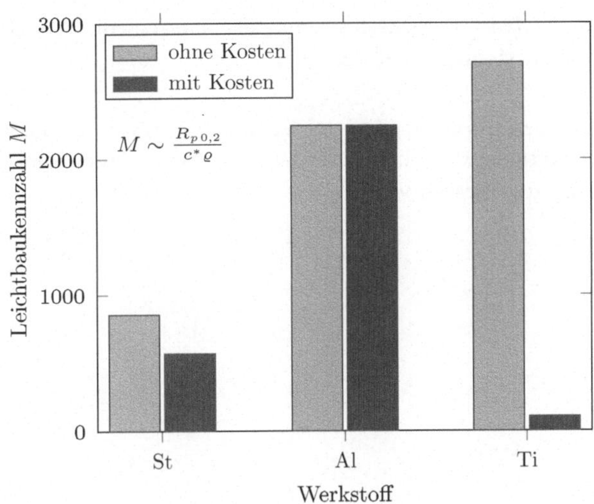

Abb. 3.29 Leichtbaukennzahl für Kragarm aus verschiedenen Werkstoffen bei konstanter Geometrie ($L = 100\,\text{mm}$, $h = b = 10\,\text{mm}$) mit Spannungskriterium unter Berücksichtigung der Materialkosten (siehe Tab. 3.1)

Abb. 3.30 zeigt zwei unterschiedliche Ansätze im Rahmen des Konzeptleichtbaus. Konfiguration 3.30a folgt der Differenzialbauweise und erzielt ein verbessertes Dämpfungsverhalten durch den Einsatz eines äußeren Dämpfers. Bei Konfiguration 3.30b erfolgt im Rahmen der Integralbauweise eine Verbesserung des Dämpfungsverhaltens durch den Einsatz eines zellularen Werkstoffs als Kernmaterial (siehe Öchsner und Augustin 2009; Altenbach und Öchsner 2010).

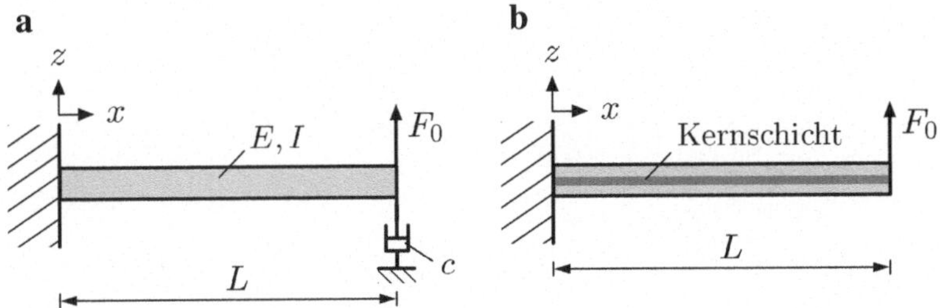

Abb. 3.30 Konzeptleichtbau: Unterschiedliche Dämpfungskonzepte **a** Differenzialbauweise; **b** Integralbauweise

- *Fertigungsleichtbau:* Berücksichtigung der unterschiedlichen Herstellungs-, Fertigungs- und Montageprozesse.

Hier kann durch den Einsatz modernster Verfahren, wie zum Beispiel generativer oder additiver Fertigungsverfahren (3-D-Drucken, siehe Fastermann (2014)), das Leichtbaupotenzial verbessert werden.

Zusammenfassung und Ausblick 4

Im Rahmen dieses Buches wurde eine kurze Einführung in die unterschiedlichen Leichtbaukonzepte geboten. Der Schwerpunkt lag hierbei auf den Konzepten, die einen direkten Bezug zur technischen Mechanik und Festigkeitslehre aufweisen. An Hand des Beispiels eines Kragarms mit Endquerkraft sollte sichergestellt werden, dass die Theorie auch für Studenten eines Bachelor-Studienganges der Ingenieurwissenschaften einfach zugänglich ist. Abb. 4.1 fasst die unterschiedlichen Leichtbaukonzepte zusammen, wobei die blau unterlegten Konzepte im Rahmen dieses Buches näher erläutert wurden.

Es steht außer Frage, dass reale Ingenieurkonstruktionen oft durch komplexere Modelle approximiert werden müssen. Hierbei kann die Definition der Leichtbaukennzahl nach Gl. (3.1) schnell an gewisse Grenzen stoßen. Lastfälle, bei denen simultan verschiedene Belastungen wirken (Einzelkräfte und -momente, verteilte Lasten) lassen sich unter Umständen nicht mehr zu einer einzelnen äußeren Kraft (F_0) zusammenfassen. Weiterhin erfordern reale Ingenieurkonstruktionen oft die Anwendung numerischer Berechnungsmethoden, wie zum Beispiel der Finite-Elemente-Methode (siehe Merkel und Öchsner 2014; Öchsner und Merkel 2013; Javanbakht und Öchsner 2017), um den Deformations- und Spannungszustand analysieren zu können. Im gleichen Kontext kommt es dann auch oft zur Anwendung numerischer Optimierungsverfahren.

© Springer Fachmedien Wiesbaden GmbH 2018
A. Öchsner, *Leichtbaukonzepte*, essentials,
https://doi.org/10.1007/978-3-658-20604-8_4

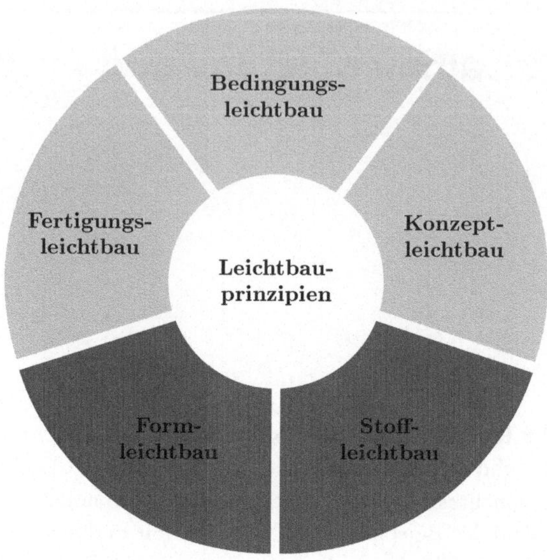

Abb. 4.1 Klassische Leichtbaukonzepte. (In Anlehnung an Henning und Moeller (2011))

Was Sie aus diesem *essential* mitnehmen können

- Eine zusammenfassende Darstellung der Festigkeitslehre anhand von Stab- und Balkenelementen
- Die Charakterisierung des Leichtbaupotenzials mittels einer Kennzahl
- Behandlung der Theorien des Stoff-, Form-, Bedingungs- und Konzeptleichtbaus
- Ein besseres Verständnis des Leichtbaupotenzials von Strukturelementen und der entsprechenden Einflussfaktoren

© Springer Fachmedien Wiesbaden GmbH 2018
A. Öchsner, *Leichtbaukonzepte*, essentials,
https://doi.org/10.1007/978-3-658-20604-8

Literatur

Altenbach H (2016) Holzmann/Meyer/Schumpich Technische Mechanik Festigkeitslehre. Springer Vieweg, Wiesbaden

Altenbach H, Öchsner A (Hrsg) (2010) Cellular and porous materials in structures and processes. Springer, Wien

Ashby MF (2011) Materials selection in mechanical design. Butterworth-Heinemann, Burlington

Ashby MF, Jones DRH (2005) Engineering materials 1: an introduction to properties. Applications and design. Elsevier, Amsterdam

Bobek K, Heiß A, Schmidt F (1955) Stahlleichtbau von Maschinen. Springer, Berlin

Degischer HP, Lüftl S (2009) Leichtbau: Prinzipien. Werkstoffauswahl und Fertigungsvarianten. WILEY-VCH, Weinheim

Dreyer H-J (1982) Leichtbaustatik. Teubner, Stuttgart

Fastermann P (2014) 3D-Drucken: Wie die generative Fertigungstechnik funktioniert. Springer Vieweg, Berlin

Friedrich HE (2017) Leichtbau in der Fahrzeugtechnik. Springer Vieweg, Wiesbaden

Gross D, Hauger W, Schröder J, Wall WA (2014) Technische Mechanik 2: Elastostatik. Springer Vieweg, Berlin

Henning F, Moeller E (2011) Handbuch Leichtbau: Methoden. Hanser, München (Fertigung, Werkstoffe)

Hertel H (1960) Leichtbau: Bauelemente. Bemessungen und Konstruktionen von Flugzeugen und anderen Leichtbauwerken. Springer, Berlin

Hill B (2014) Bionik-Leichtbau. Knabe Verlag, Weimar

IATA (2017) Jet fuel price monitor. http://www.iata.org/publications/economics/fuel-monitor/Pages/index.aspx. Zugegriffen: 15. Apr 2017

Javanbakht Z, Öchsner A (2017) Advanced finite element simulation with MSC Marc: application of user subroutines. Springer, Cham

Klein B (1989a) Leichtbau-Konstruktion: Berechnungsgrundlagen und Gestaltung. Vieweg, Braunschweig

Klein B (1989b) Übungen zur Leichtbau-Konstruktion. Vieweg, Braunschweig

Klein B (2009) Leichtbau-Konstruktion: Berechnungsgrundlagen und Gestaltung. Vieweg+Teubner, Wiesbaden

© Springer Fachmedien Wiesbaden GmbH 2018

A. Öchsner, *Leichtbaukonzepte*, essentials,

https://doi.org/10.1007/978-3-658-20604-8

Kossira H (1996) Grundlagen des Leichtbaus: Einführung in die Theorie dünnwandiger stab-
förmiger Tragwerke. Springer, Berlin
Kurek R (2010) Karosserie-Leichtbau in der Automobilindustrie. Vogel, Würzburg
Linke M, Eckart Nast E (2015) Festigkeitslehre für den Leichtbau: Ein Lehrbuch zur Techni-
schen Mechanik. Springer Vieweg, Wiesbaden
Lufthansa Group (2016) Balance issue 2016. https://www.lufthansagroup.com/fileadmin/
downloads/en/LH-sustainability-report-2016.pdf. Zugegriffen: 25. Apr 2017
Merkel M, Öchsner A (2014) Eindimensional Finite Elemente: Ein Einstieg in die Methode.
Springer Vieweg, Berlin
Öchsner A (2014) Elasto-plasticity of frame structure elements: modelling and simulation of
rods and beams. Springer, Berlin
Öchsner A (2016a) Computational statics and dynamics: an introduction based on the finite
element method. Springer, Singapore
Öchsner A (2016b) Theorie der Balkenbiegung: Einführung und Modellierung der statischen
Verformung und Beanspruchung. Springer Vieweg, Wiesbaden
Öchsner A, Augustin C (Hrsg) (2009) Multifunctional metallic hollow sphere structures:
manufacturing. Properties and application. Springer, Berlin
Öchsner A, Merkel M (2013) One-Dimensional finite elements: an introduction to the FE
method. Springer, Berlin
Ohrn KE (2007) Aircraft energy use. In: Capehart BL (Hrsg) Encyclopedia of energy engi-
neering and technology, Bd 1. CRC Press, Boca Raton, S 24–30
Pahl G, Beitz W (1997) Konstruktionslehre: Methoden und Anwendung. Springer, Berlin
Rammerstorfer FG (1992) Repetitorium Leichtbau. Oldenbourg, München
Siebenpfeiffer W (2014) Leichtbau-Technologien im Automobilbau. Springer Vieweg, Wies-
baden
Weißbach W (2012) Werkstoffkunde: Strukturen. Eigenschaften, Prüfung. Springer Vieweg,
Wiesbaden
Wiedemann J (1986) Leichtbau Band 1: Elemente. Springer, Berlin
Wiedemann J (1989) Leichtbau Band 2: Konstruktion. Springer, Berlin